TURING 图灵原创

浴缸里的惊叹

256道让你恍然大悟的趣题

顾森◎著

人民邮电出版社

北 京

图书在版编目（ＣＩＰ）数据

浴缸里的惊叹：256道让你恍然大悟的趣题 / 顾森
著. — 北京：人民邮电出版社，2014.7
（图灵原创）
ISBN 978-7-115-35574-4

Ⅰ．①浴… Ⅱ．①顾… Ⅲ．①数学－普及读物 Ⅳ．
①O1-49

中国版本图书馆CIP数据核字(2014)第101817号

内 容 提 要

　　这是一本趣题集，里面的题目全部来自于作者顾森十余年来的精心收集，包括几何、组合、行程、数字、概率、逻辑、博弈、策略等诸多类别，其中既有小学奥数当中的经典题目，又有世界级的著名难题，但它们无一例外都是作者心目中的"好题"：题目本身简单而不容易，答案出人意料却又在情理之中，解法优雅精巧令人拍案叫绝。作者还有意设置了语言和情境两个类别的问题，希望让完全没有数学背景的读者也能体会到解题的乐趣。

◆ 著　　　　顾　森

责任编辑　王军花

执行编辑　张　霞

责任印刷　焦志炜

◆ 人民邮电出版社出版发行　　北京市丰台区成寿寺路11号

邮编　100164　电子邮件　315@ptpress.com.cn

网址　https://www.ptpress.com.cn

涿州市殷润文化传播有限公司印刷

◆ 开本：700×1000　1/16

印张：14.25　　　　　2014年7月第1版

字数：264千字　　　　2025年3月河北第30次印刷

定价：59.00元

读者服务热线：(010)84084456-6009　印装质量热线：(010)81055316

反盗版热线：(010)81055315

前　言

阿基米德缓慢地踏进了装满水的浴缸。在那一瞬间，他突然意识到，浴缸里溢出的水的体积一定等于他的身体浸入水中的体积，这个原理可以用于测量不规则物体的体积，进而帮助他完成希伦二世交给他的任务：鉴定皇冠是否由纯金打造。阿基米德大呼一声"εὕρηκα"，这在古希腊语当中大致是"我发现了"的意思。在中文里，一个简单的叹词足以代替这句经典的古希腊语，那就是在恍然大悟的时候人们发出的那个念做去声的"哦"。

我从小就很喜欢这种恍然大悟的瞬间，并且会习惯性地把这些瞬间记录下来，以便我今后一遍又一遍地回味。终于，我决定从中挑选出最精彩的瞬间，以256道趣题的形式与大家分享，于是便有了大家手中的这本趣题集。

感谢我的妻子雪琴为我制作插图，设计版式。感谢王军花编辑、张霞编辑的辛苦工作。感谢Wikipedia、JSTOR、Google Scholar、Wolfram MathWorld等网站，它们提供了很多有用的资料。最后，感谢家里的两只小猫，在我写作的过程中，它们一直乖乖地在一旁坐着，没有把我的书稿吃掉。

目　录

1 几何问题

说到几何问题，大家脑海中浮现的多半是中学时的那些几何证明题和计算题。然而这一次，让我们完全抛开那些对于某些人来说可能并不愉快的回忆，转而去欣赏一些千奇百怪的几何构造。回答这些问题大多不需要艰深的理论基础，只需要动脑发挥想象力，再动笔画一画，或者动手剪一剪，摆一摆，折一折，说不定就可以找到答案了。即便是看了我给出的答案，也不妨在旁边的空白处画一画，看看有没有其他的方案。

先来看一些与图形分割有关的问题吧。

1. 能否把一个等边三角形分成3个面积都相等但形状互不相同的三角形？

能。如下图所示。

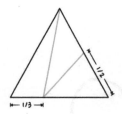

2. 如何把一个正方形分割成9个小正方形？想出至少两种不同的方法。

第一种方法很好想，如下图所示。

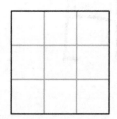

第二种方法就不好想了，如下图所示。

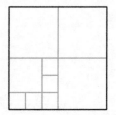

这里面其实包含了16种不同的方案，如下图所示。

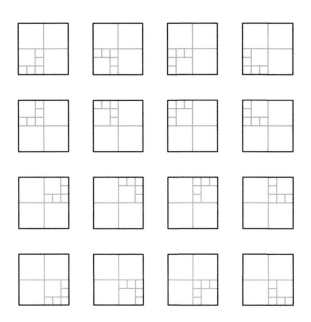

接下来的问题或许更具有挑战性：你能再想出一种与上面给出的所有方案都不同的方案吗？答案如下图所示。

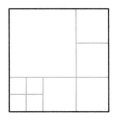

这里还有一个很有意思的问题：把一个正方形分割成n个小正方形，这对于哪些n来说是有解的？答案是，除了n=2, 3, 5以外，对于其他所有的n，把一个正方形分割成n个小正方形都是有可能的。对于n为1, 4, 6, 7, 8的情况，分割方案如下图所示。

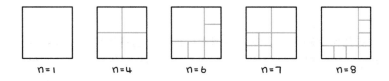

n=1   n=4   n=6   n=7   n=8

对于更大的n呢？注意，每次用横竖两条线把一个小正方形分成4个更小的小正方形后，我们都会让这个图形里的正方形数目增加3个。因此，我们只需要在n=6的方案上增加两笔，就能得到一个n=9的方案；只需要在n=7的方案上增加两笔，就能得到一个n=10的方案；只需要在n=8的方案上增加两笔，就能得到一个n=11的方案；只需要在n=9的方案上增加两笔，就能得到一个n=12的方案……于是，其他所有的情况都被我们解决了。

●●●●●●●●●●

3. 能否把一个正方形分成大小互不相同的7个等腰直角三角形？

答案是肯定的，如下图所示。

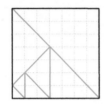

●●●●●●●●●●

4. 有没有什么等腰三角形能被分割成两个小等腰三角形？找出4种这样的等腰三角形。

答案如下图所示。其中，最好找的是顶角为90°的等腰三角形，不太好找到的是顶角为36°的等腰三角形，更不好找到的是顶角为108°的等腰三角形，最不好找到的是顶角$x=(180/7)$°的等腰三角形。

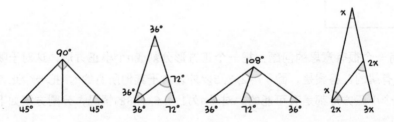

●●●●●●●●●●

5. 能否在纸上画一个钝角三角形，然后把它分割成若干个锐角三角形？

这是我最喜欢的几何谜题之一。令人难以置信的是，这竟然是可以办到的！每当我在课堂上提出这个问题的时候，学生们总会疯狂而盲目地进行尝试。根据我的观察，绝大多数人都会先画一个不那么钝的钝角三角形（其实这本质上并不会简化我们的问题），然后作出一系列类似于图(1)的尝试，但最后都以失败告终。此时我往往会反复强调：要有方法啊，要有方法！

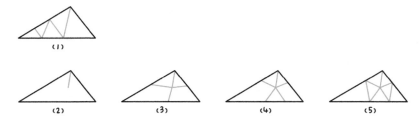

首先，想必很多人已经注意到了，我们必须在钝角里引出一条线，如图(2)所示，这样才能把钝角给消除掉。接下来，则是很少有人意识到的一点：我们不能让这条线一直延伸到对边，否则原三角形将会被分成一个锐角三角形和一个钝角三角形（或者两个直角三角形），这并不能解决根本问题。也就是说，这条线在到达对边前就必须得分岔。最后一个关键的问题就是，分成几岔？显然，像图(3)那样分成三岔是不够的，因为这样只能把一个周角分成4份，它们不可能都是锐角。为了让所有的角都是锐角，我们至少要让这条线分成四岔，如图(4)所示。最后，再把一些没有连起来的点连起来，我们就得到一个像模像样的答案了，如图(5)所示。

有的读者或许会说，等等，你怎么敢肯定，图(5)中的每个小三角形都是锐角三角形呢？其实，我也不敢肯定。不过，我并没有说图(5)就是最终的答案。为了证明确实有一个钝角三角形能被分成若干个锐角三角形，我们需要给出一个确凿的、能供他人进行验证的例子。图(5)并不是一个确凿的例子，但它给我们提供了构造这种例子的思路，或者更贴切地说，构造这种例子的模板。借助这个模板，我们很容易得到下面这种构造方案。

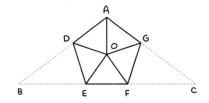

如图，首先，画一个正五边形ADEFG。然后，找出它的中心O，将它分别与A、D、E、F、G相连。最后，延长AD和FE并交于点B，延长AG和EF并交于点C。那么，整个大三角形ABC将会成为一个顶角为108°的等腰三角形。这就是一个绝对让人信服的例子，我们能精确地算出这里面的每个小三角形的每个内角的度数，从而说明每个小三角形的确都是锐角三角形。

这个有名的问题最早出现在1960年3月的《美国数学月刊》（*The American Mathematical Monthly*）上。同年11月，美国的一位中学数学老师Wallace Manheimer给出了一个完美的解答。这个解答比我们上面的解答要完整得多，它不但证明了存在一个钝角三角形能被分成若干个锐角三角形，而且证明了任意一个钝角三角形都能像这样被分成若干个锐角三角形。不过，这个解答过于复杂，这里我们就不再介绍了。

· · · · · · · · ·

6. 想办法把一个圆形的比萨分成若干个大小形状都相同的部分，使得其中至少有一部分不含有比萨的边儿。换句话说，你需要把一个圆分成若干个全等的部分，其中至少有一个部分不包含任何一段圆周。

如下图所示，首先用6条同样半径的1/6圆弧把整个圆分成6个形如鱼尾的全等图形，然后再沿着对称轴把每个鱼尾分成两半即可。这样，我们便把整个圆分成了大小形状都相等的12个部分，其中6个部分都不含有任何一段圆周（虽然有一个点在圆周上）。

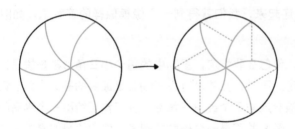

在这个方案中，分出来的12个小块虽然都是全等的，但其中某些小块需要经过翻折后才能彼此重合。我们的下一个问题就是：请再设计出一种分割方案，使得每个小块都全等，至少有一个小块不含边，并且所有小块都可以仅通过旋转和平移就能与其他小块重合。这仍然是可以办到的。如下图所示，首先用12条同样半径的1/6圆弧把整个圆分成12个全等的图形。这说明，刚才的每个鱼尾形还有另一种平分方案。现在，把每个鱼尾形翻过来摆放，就得到满足要求的方案了。

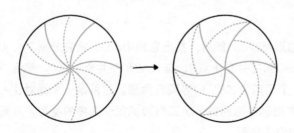

这个问题还有另外一种说法：试着把一个圆分成若干等份，使得至少有一个部分的内部和边界上都不包含圆心。答案仍然是一样的。

●●●●●●●●●

7. 能否画一个长方形，然后把它分成两个形状相同但大小不同的（或者说相似但不全等的）多边形？啊，等等，还有一个附加条件：排除掉把这个长方形分成两个小长方形的情况。

如果我们允许把一个长方形分成两个小长方形的话，解法是非常简单的，如下图所示。

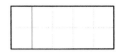

但是，如果排除掉这种情况呢？这仍然是有解的。如下图，我们把一个21×10的长方形分成了两个六边形，其中小六边形的各边长度分别为1, 2, 4, 8, 5, 10，大六边形的各边长度分别为2, 4, 8, 16, 10, 20。这两个六边形的形状相同，但是大小不同。

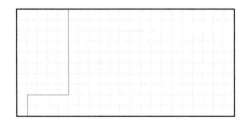

这个问题出自2004年美国奥林匹克数学竞赛试题。原题其实是这样的：对于怎样的正实数k，我们能够把1×k的矩形划分成两个相似但不全等的多边形？答案非常出人意料：只要k≠1，满足要求的划分方案都是存在的。

●●●●●●●●●

8. 能否画一个长方形，然后把它分成若干个大小互不相等的正方形？

令人吃惊的是，这是有可能的，而且方案不止一个。数学家给这种长方形起了一个名字，叫做"完美长方形"（Perfect Rectangle）。1925年，Zbigniew Moroń构造出了一个33×32的长方形，它可以被分成9个大小各异的小正方形，如下图所示。

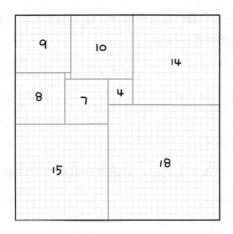

1940年，Reichert和Toepken证明了完美长方形不可能只含8个或更少的小正方形。从这个意义上讲，Moroń找到的是最小的一个完美长方形。

实际上，由9个小正方形构成的完美长方形还有一个，它是一个69×61的长方形。由10个小正方形构成的完美长方形一共有6个，由11个小正方形构成的完美长方形一共有22个，后面更复杂的完美长方形还会越来越多。

在很长一段时间里，人们都在争论，是否存在完美正方形。换句话说，有没有哪个正方形也能被分割成若干个大小不同的小正方形？1938年，Roland Percival Sprague 非常巧妙地借用已有的完美长方形拼出了一个边长为4205的大正方形，里面包含的55个小正方形大小都不相同，从而得到了历史上第一个完美正方形，给这段争论划上了一个句号。目前人们已经证明，完美正方形不可能包含20个或更少的小正方形，包含21个小正方形的完美正方形是唯一存在的，它的边长为112。

几何图形无奇不有。在下面这些问题中，你需要找出满足各种古怪要求的图形。

· · · · · · · · ·

9. 画一个有奇数条边的多边形，使得对于其中的每一条边，都有另一条边与它平行。

满足要求的图形有很多。其中一种图形如下所示，它是由一个正六边形加上一个小正方形得来的。

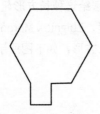

●●●●●●●●●

10. 画两个多边形，使它们的周长和面积都相等，但它们却是两个不同的图形（或者说这两个图形不全等）。

满足要求的构造有很多，其中一种构造如下图所示。

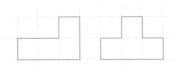

我们给这个问题加一个条件：如果限定这两个图形都是四边形，满足要求的构造还存在吗？答案是肯定的，如下图所示。

那么，如果我们限定这两个图形都是三角形，满足要求的构造还存在吗？在介绍全等三角形的时候，我常常会把这个问题抛给学生。绝大多数学生都会因为举不出这样的例子，从而错误地断定周长和面积都相等的三角形一定全等。实际上，周长和面积都相等的三角形仍然有可能不全等。

考虑下面三个三角形：三角形A是由长度分别为20、21、29的线段构成的，三角形B是由长度分别为8、15、17的线段构成的，三角形C是由长度分别为15、20、25的线段构成的。利用勾股定理可以验证，这三个三角形都是直角三角形。现在，如下图所示，把三角形B和三角形C拼成一个新的三角形。左边这个三角形的周长为20+21+29=70，面积为(20×21)÷2=210；右边这个三角形的周长为28+17+25=70，面积为(28×15)÷2=210。这两个三角形的周长和面积都相等，但它们不全等。

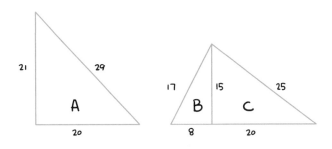

●●●●●●●●

11. 下图所示是一个多边形的房间。把两名警卫放在左图所示的位置，他们没法看守到房间里的所有区域；如果把他们放在右图所示的位置，他们的视野范围就能覆盖到房间里的所有区域了。

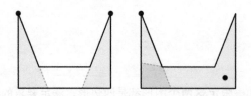

能看到所有的墙是否就意味着能看到所有的区域？能否设计一个多边形的房间，使得在房间里的某些位置安排一些警卫之后，他们能看守到墙壁上的每一个点，但整个房间里仍然存在盲区？

这是有可能的。下图就是一个例子。

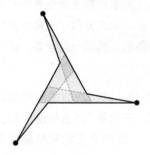

这个问题还有另一种问法：能否设计一个多边形的房间，使得站在房间里的某个位置上，没有哪一面墙能被完整地看到？很简单，只要借用刚才的那个多边形，然后站在盲区里就行了。

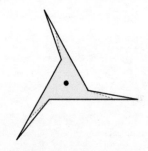

这种问题是计算几何中非常重要的一类课题，叫做"可见性问题"（visibility problem）。

••••••••••

12. 下图是把5个固定的点首尾相接连接起来的两种不同的方式，可以看到，右边那
    个多边形的面积更小，同时周长更大。用线段把几个固定的点首尾相接连接起
    来，所得的多边形面积越小，周长就越大，这个说法总是正确的吗？

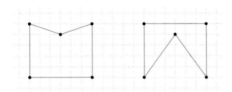

不总是正确的。下图就是一个非常好的反例，注意它是怎样通过颠倒内外的方式
以彼之道还施彼身的。

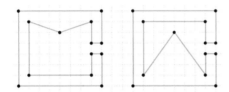

••••••••••

13. 我们很容易用偶数个相同的并且本身不是轴对称的小多边形拼成一个轴对称的大
    多边形。是否有可能用奇数个相同的并且本身不是轴对称的小多边形拼成一个轴
    对称的大多边形？啊，等等，这个问题也有一个附加条件：所得的大多边形只能
    有一条对称轴。

    如果允许拼出来的大多边形有三条对称轴的话，解法是非常简单的，如下图所示。

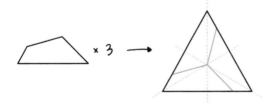

    即使允许拼出来的大多边形只有两条对称轴，解法也很容易想到，如下图所示。

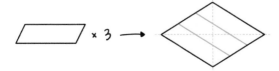

但是，如果规定拼出来的多边形只有一条对称轴呢？这仍然是有解的，但要自己想出来，恐怕就不容易了。其实，解法是非常多的。下面随便举三个例子。

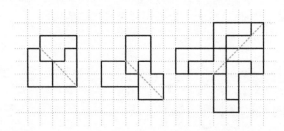

如果你觉得斜着的对称轴算赖皮的话，没关系，下面四个例子就是竖直的对称轴了。

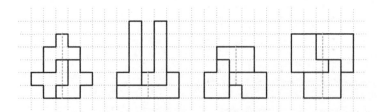

最后，我们给出两个以三角形网格为基础的例子。

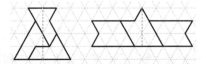

以上例子均来自http://userpages.monmouth.com/~colonel/oddities/index.html。

●●●●●●●●

14. 如果给你很多很多同样大小的正六边形，你可以以其中一个正六边形为中心，在它周围紧密地围上一圈正六边形，然后在它们周围再紧密围上一圈正六边形……如下图所示。不断这样下去，你可以得到无穷多层的正六边形。如果给你很多很多同样大小的圆，你会发现，要想把其中一个圆紧密地包围起来，即使只围一圈也做不到。有没有这样的图形，使得你可以用同样的图形把它紧密地围住，但却最多只能围绕有限多圈？这里，我们规定，完全把里面的图形包住才算是在外面围绕了一圈，即使有一个点露在外面，也不算是成功地围绕了一圈。

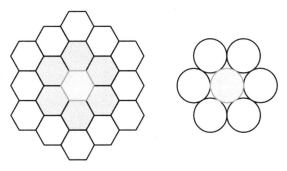

这个问题是由德国数学家Heinrich Heesch在1968年提出来的，因而又叫做Heesch问题。有趣的是，这个问题的答案其实早在1968年之前就已经有人提到了。1928年，W. Lietzmann发现，下图所示的水滴状图形可以围绕自身紧密环绕一圈，但却不能再围绕第二圈——我们不得不用两个水滴的尖端把A、B两个空缺填上，这将会不可避免地产生空缺。

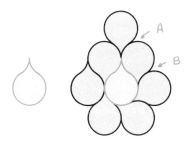

Erich Friedman找到过一个更简单的例子。下图所示的是一个7×5的矩形，其中三条边的中央有一个突起的小正方形，另外一条边的中央则有一个凹陷的小正方形。容易看出，为了用同样的图形把它围住，我们只能像下图那样做，但由此将会产生四个死角，因而要想在周围再围绕一圈，显然已经不可能了。

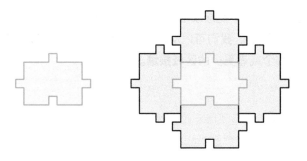

1991年，A. Fontaine找到了一种新的图形，使得它们最多可以围绕自身2圈。目前的纪录则是由Casey Mann在2001年创造的，他所构造的图形最多可以围绕自身5

圈。大家自然会想，是否对于每一个正整数n，都能找到一个图形，使得它能围绕自己n圈，但却不能围绕自己n+1圈？如果不是的话，满足要求的最大的n是多少？这些问题都还有待解决。

••••••••

15. 下面两个图都是由若干个小多边形拼成的一个大多边形。在左图当中，对于每一个小多边形，都有另外3个小多边形与它"接壤"；在右图当中，对于每一个小多边形，都有另外4个小多边形与它"接壤"。现在，请你用若干个小多边形拼成一个大多边形，使得对于每一个小多边形，都有另外5个小多边形与它"接壤"。我们规定，如果两个多边形仅在顶点处相连，则这两个多边形并不接壤。

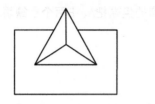 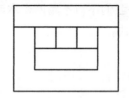

这是可以实现的，如下图所示。

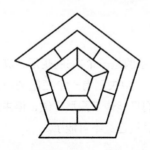

有一个很有意思的结论：这件事不能继续做下去了。你没法画一个图，里面的每个区域都会和其他6个区域接壤。我们可以从数学上证明，无论你怎么画图，至少有一个区域只会和其他5个或者更少的区域接壤。

••••••••

16. 或许大家知道著名的"四色定理"（four color theorem）：给地图上的每个区域涂一种颜色，为了使每两个互相接壤的区域都有不同的颜色，我们总共只需要4种颜色就够了（在上面那个"处处五接壤"的图形上实践一下吧）。不过，万一有些省市矫情，偏不喜欢分配给它的颜色该咋办？为了满足各个省市的要求，在为地图染色前，国家测绘局可以先让每个省市从某个充分大的色盘里选出几种自己能够接受的颜色，染色时就只从每个省市给出的候选颜色中取色。一个有趣的问题是，至少要求每个省市列出多少个候选颜色，才能使合法的染色方案总是存在，不管每个省市列出的都是些什么颜色？大家或许会想，四色定理保证了只使用4种颜色一定能实现合法的染色，如果让每个省市都列出4种颜色的话，总的颜色至少就有4种，绝大多数情况下还会更多。所以，让每个省市列出4种颜色就够了吧。

这个说法正确吗？注意，我们限定，每个区域都是一个多边形。和上一道题一样，我们规定，仅在顶点处相连的多边形不算接壤。

首先，上面的推理是错误的。为了说明这一点，让我们来看看下面这个例子。给下面这个图染色，本来只需要两种颜色就够了，但如果允许每个区域都列出两种候选颜色，有可能就反而没法染色了。比方说，如果各个区域的候选颜色恰好如图(1)所示，很容易看出，只用两种颜色是不够的。

$(1, 3)$	$(1, 2)$	$(2, 3)$
$(2, 3)$	$(1, 2)$	$(1, 3)$

(1)

1993年，Voigt给出了一个非常强大的构造，证明了每个区域都只选4种颜色是不够的，让我们一起来看看。

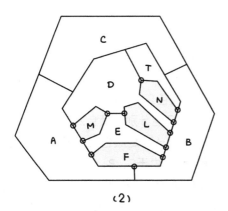

(2)

整个构造是建立在图(2)基础上的，它有10个区域，如图(2)所示，每个区域的颜色列表都是(1, 2, 3, 4)。图中有12个顶点打了小圆圈标记，这12个顶点都是两块白色区域和一块蓝色区域的交界处。在每个这样的交界处"挤"进去一块新的区域，如图(3)所示。新区域的颜色列表也是(1, 2, 3, 4)。

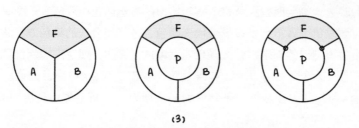

(3)

我们以A、B、F这三块区域的交界处为例。挤进去一个区域P后，图形中又产生了两个蓝白交界点，我们也用小圆圈来标记。把图(4)所示的9块新区域挤入A、P、F之间的交界处，这9块新区域的颜色列表如图(4)所示。在B、P、F之间的交界处也做完全相同的工作，即让图(4)中的A、P、F分别与图(3)中的B、P、F相对应，把图(4)左右镜像地插进去。对图(2)的那12个交界点中的每一个都进行这样的操作，我们便得到了一个有10+12×19=238块区域的图形。

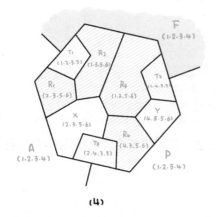

(4)

下面我们说明，这个地图没有合法的染色方案。这个构造的核心就在于，我能强制某个区域涂上指定的颜色，从而制造一些冲突。在图(2)中，区域A、B、C、D两两相邻，因此一定有一个区域涂了颜色1。如果A是颜色1，注意A、B、D、E也是两两相邻的四块区域，则B、D、E只能分别染颜色2、3、4，那么区域L一定染颜色1；如果B是颜色1，类似地可知M一定是颜色1；如果D是颜色1，同样区域F一定是颜色1；最后，如果C是颜色1，由于C、B、D、T两两相邻，因此B、D、T分别涂颜色2、3、4，区域N只能是颜色1。总之，图中的四个蓝色部分中必然有一个涂了颜色1。无妨假设F涂了颜色1。注意它周围一圈三块区域分别是颜色2、3、4，这三块区域两两相邻。标出颜色2和颜色3所属的区域，无妨假设是A和B（即A=2、B=3，或者A=3、B=2）。无论如何，A、B、F中间的区域P的颜色都是4。

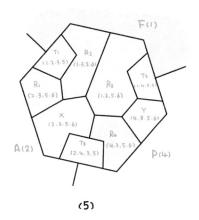

（5）

假设A=2、B=3。如图(5)所示，A、F、P的颜色都已经固定了，并且T1、T2、T3都只剩下(3, 5)两种颜色可选，X、Y和四块斜线区域都只剩下(3, 5, 6)可选。考虑X的颜色，若它选了6，则周围一圈区域R1到R4只能分别是3、5、3、5或者5、3、5、3，无论如何T1都没有颜色可选；若X选了5，则R1到R4只能是6、3、6、3（此时T3无从选择）或者3、6、3、6（此时Y只能选5，T2将无从选择）；最后，若X选择颜色3，类似地要么T3没有可选的颜色，要么T2没有可选的颜色。该图没有合法的染色方案。

再考虑A=3、B=2的情况。于是B、F、P的颜色都固定了，并且它内部的情况与图(5)的左右镜像完全一样。于是我们证明了，整个图都是不能染色的。

1994年，Carsten Thomassen证明了，如果允许每个区域都列出5个候选颜色，则合法的染色方案可以保证存在。这个问题至此得到了完美的解答。

●●●●●●●●●

17. 如果你能想办法找到一副七巧板，或者能在一张正方形的纸上照下图剪出一副来，就来玩玩这个问题吧。这保证是你所见过的最困难的七巧板谜题。

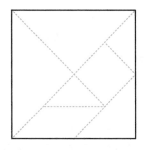

下图展示的是怎样用一副七巧板拼出含有两个洞的图形。现在，请你用一副七巧

板拼出含有三个洞的图形。这里我们规定，只要有一个点与其他洞或者图形外部相连，它都不能算作一个单独的洞。

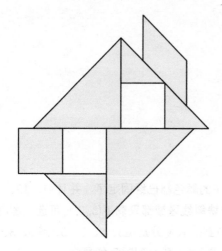

用一副七巧板构造内部有三个洞的图形是相当困难的。不过马丁·加德纳（Martin Gardner）给出了一个非常漂亮的构造，如下图所示。

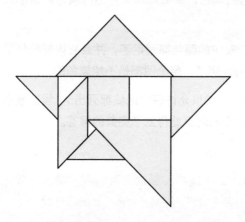

这是一个非常精彩的构造。如果我们把七巧板中的那个正方形小块看作是边长为1的正方形，那么顶部的大三角形的斜边长度就是 $2\sqrt{2}\approx2.8284$，而它的下方则是一段跨度长达 $2+1/\sqrt{2}\approx2.7071$ 的"口子"。前者比后者只多出了约0.12个单位的长度，这一段"口子"几乎正好被大三角形的斜边封住。

或许大家第一次意识到，原来七巧板还能玩得这么有难度。其实，这还不算是最经典的七巧板难题。在七巧板研究中，最早的同时也是最著名的问题是由一位日本数学家提出来的：用一副七巧板可以拼出多少种不同的凸多边形？最终解决这个问题的是两位中国学者王福纯和向全启。1942年，两人在《美国数学月刊》

上发表了一篇文章，证明了一副七巧板可以拼出13种凸多边形，其中有1个三角形，6个四边形，2个五边形和4个六边形。如果你闲来无事，可以试着既无重复又无遗漏地把这13种凸多边形拼出来，这是一个非常不错的挑战。详见下图。

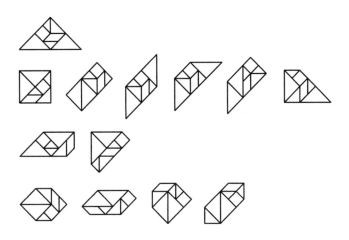

接下来，我们来讨论几个三维空间中的几何问题。

18. 下图所示的是同一个四面体的两个完全不同的展开图。

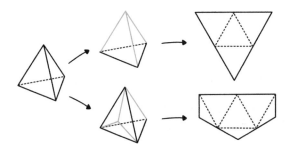

那么，两个完全不同的四面体是否有可能拥有相同的展开图？

这是有可能的。下图是同一张正方形纸片的两种不同的折法，把对应边粘起来后，你会得到两个形状完全不同的四面体。

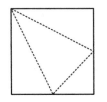

事实上，用正方形纸片可以折出无数种不同的多面体。2002年，Rebecca Alexander、Heather Dyson和Joseph O'Rourke合写了一篇论文，对此做了细致的整理和归类。

●●●●●●●●

19. 下图所示的是空间中的4个两两相接触的四面体。怎样在空间中放置8个两两相接触的四面体？这里我们规定，只有一个点或者一条棱相接触的不算接触。

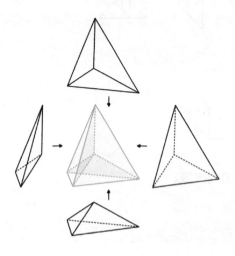

首先，在平面上画4个两两相邻的三角形，如图(1)所示。在这个平面的正上方添加一个顶点，与各个三角形的各个顶点相连，于是得到4个等高的四面体，如图(2)所示。容易看出，这一组四面体已经是两两接触的了。现在，再准备另一组完全相同的四面体，把这两组四面体的底面合在一起，像图(3)那样稍稍错开，最后得到图(4)那样的构造。这样一来，每一组里的每一个四面体也都会和另一组里的所有四面体都相接触，于是这8个四面体便两两接触了。

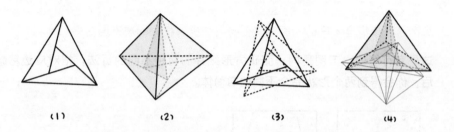

(1)　　　　　(2)　　　　　(3)　　　　　(4)

是否存在9个两两接触的四面体呢？这是一个非常困难的问题。1991年，Joseph Zaks用了100多页的篇幅，终于证明了9个两两接触的四面体是不存在的。

在构造这8个四面体的过程中，我们发现了一个隐含的模式：二维空间中存在4个两两相邻的三角形，三维空间中存在8个两两相邻的四面体，而且后者是以前者为基础扩展得来的。事实上，我们可以继续扩展下去，从而得出：在d维空间中，存在2^d个两两接触的d维单纯形。但是，在d维空间中，是否最多只能有2^d个两两接触的d维单纯形呢？人们猜测应该是这样，但目前还不能证明。

●●●●●●●●●

20. 下图展示了一种使6支香烟两两接触的方法。如何放置7支香烟，使得它们两两接触？我们可以把这些香烟抽象成完全相同的圆柱体。另外，和刚才不一样的是，这一次，只在一个点上接触也算是接触。

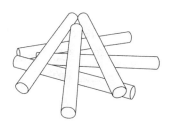

放置方法如下图所示。

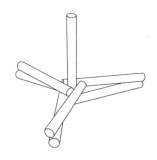

下面再给出一张俯视图，来说明这些香烟是如何两两接触的。

这个问题出自马丁·加德纳的*Hexaflexagons and Other Mathematical Diversions*一书。值得一提的是，可以两两接触的全等圆柱体能否多于7个，这个问题至今仍未解决。

●●●●●●●●

21. 能否在一个边长为1的正方体内部放置一个边长大于1的正方形？

这是一个非常经典的问题。第一次看到这个问题的人或许会想当然地认为，边长为1的正方体里当然容得下边长大于1的正方形，只需要把正方形斜着放进去就行了。然而仔细一想，你或许会觉得不对：斜着放进去似乎也没用。如果像左图那样把正方体切开，截面是一个$1 \times \sqrt{2}$的长方形，它里面仍然装不下边长大于1的正方形。

而真正的答案是：边长为1的正方体里确实可以装下一个边长大于1的正方形，它的边长最大可以达到$(3/4) \cdot \sqrt{2} \approx 1.06066$，如右图所示。它的每个顶点都在所在棱上的四等分点处。验证答案的正确性需要用到勾股定理和一些乏味的计算，我们就把它留给感兴趣的读者自己完成吧。

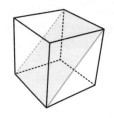 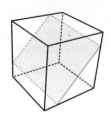

这个不可思议的结论有一个更加不可思议的说法：假如你有两个完全相同的正方体，那么你可以在其中一个正方体上打一个洞，使得另一个正方体能够从中间穿过去！方法很简单，只需要垂直于刚才那个正方形所在的平面，打一个边长大于1小于$(3/4) \cdot \sqrt{2}$的正方形通道就行了。

●●●●●●●●

22. 给你一个圆，让你在圆周上选取4个点，使得把它们连接起来得到的四边形面积最大。那么，你应该选择4个间隔相等的点，让这个四边形成为一个正方形。我们有一个不严谨的方式来说明这一点。如下图所示，假设圆内接四边形*ABCD*中，顶点*A*并不在弧*BD*的中点处，于是我们把点*A*移动到弧*BD*的中点*A'*，你会发现三角形*BCD*的面积不会变，三角形*ABD*的底边*BD*长度也不会变，但是*BD*边上的高却增加了。因此，整个四边形*ABCD*的面积将会增加。

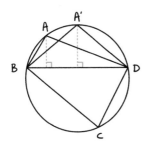

类似地，只要有哪个点不在相邻两点之间的圆弧的中点处，我们都可以把它移动到这段圆弧的中点处，使得整个图形的面积变得更大。因而，如果存在一个面积最大的圆内接四边形，那么它的4个顶点一定在圆周上均匀分布，此时整个四边形也就是一个正方形了。

好了，我们现在的问题是，给你一个球，让你在球面上选取8个点，构成一个顶点数为8的多面体，那么正方体一定是体积最大的吗？

答案居然是否定的。我们假设球的半径长度为1，作出这个球的内接正方体，你会发现它的体对角线将会等于球的直径2，那么它的边长x就应该满足$x^2+x^2+x^2=2^2$，解得$x=2/\sqrt{3}$。因而，这个正方体的体积就是$(8/9)\cdot\sqrt{3}$。现在，让我们再想象另外一种内接多面体：作出赤道面上的内接正六边形，再把它的各个顶点与南北极相连，构成一种由两个正六棱锥拼接而成的立体图形。每一个正六棱锥的底面都是一个边长为1的正六边形，其面积为$(3/2)\cdot\sqrt{3}$；由于棱锥的高也是1，因此棱锥的体积就是$(1/3)\cdot(2/3)\cdot\sqrt{3}=(1/2)\cdot\sqrt{3}$。两个这样的棱锥拼在一起，总体积就是$\sqrt{3}$，这比同一个球里的内接正方体体积更大。

美国数学家乔治·波利亚（George Pólya）在《数学的发现》（*Mathematical Discovery*）一书中提到过这个问题。这个问题给我们带来了至少两个非常重要的启示。首先，在与几何图形相关的最值问题中，并不是最对称的那个图形就是最好的。在所有周长相等的长方形中，正方形拥有最大的面积；在所有周长相等的平面图形中，圆拥有最大的面积；在所有表面积相等的长方体中，正方体拥有最大的体积；在所有表面积相等的立体图形中，球拥有最大的体积……种种迹象表明，最对称的解就是最优的解。但是，盲目地迷信"对称之美"有时是非常危险的，一些出人意料的事情会时不时地蹦出来。西班牙数学家Luis Santaló曾经提出过这样的问题：找出一个面积最小的图形，使得不管怎样把它放进1×1的正方形网格当中，它总会覆盖到至少一个交叉点。你或许会以为，答案就是左图那样的一个圆吧。后来数学家们发现，答案实际上应该是右边阴影部分所示的图形，它是由两条竖直线和两条抛物线围成的图形。左图阴影部分的面积为$\pi/2 \approx 1.57$，而右图阴影部分的面积则是$4/3 \approx 1.33$。

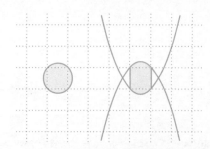

另外一个启示则是，不是所有的类比都能得出正确的结论。很多在低维空间中正确的结论，简单地类比到高维空间中去就不成立了。《时间简史》（*A Brief History of Time*）里曾经说过，如果二维世界中的某种动物既需要进食又需要排泄，那么进食口和排泄口一定是同一个口，否则它的身体会被这个通道断开。但是，三维世界中的生物就不会受这个限制。在三维物体上钻出一个通道，不会把这个物体分成两部分。类似地，三维空间中的常识放到四维空间中去也不见得成立。比方说，在三维空间中，一个绳圈有可能是打结的（如下图所示），但四维空间中的绳圈不可能打结，所有绳圈都能连续地变换成"O"形！

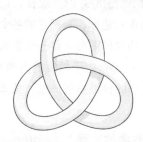

最后，和大家分享几个拓扑问题。前面三个问题都与拓扑学中的同痕变换有关，其中前两个例子选自V. V. Prasolov的*Intuitive Topology*一书，后一个例子来自Colin Adams的*The Knot Book*一书。

●●●●●●●●●

23. 能否把左图连续地变形为右图？在这里，我想花点功夫解释一下"连续变形"的意思。我们假设物体是由软橡胶制作而成的，可以随意地拉伸、挤压、弯曲，但不允许切断、粘连等任何改变图形本质结构的操作。因此，你可以把一个球体变成正方体、四面体、圆柱体、椭圆球形、碗形、更大的球体、更小的球体，等等，但不能把它变成两个球体，也不能把它变成一个"O"形。

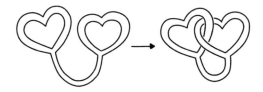

答案是肯定的，步骤如下图所示。

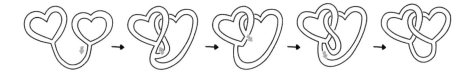

24. 能否把左图连续地变形为右图？

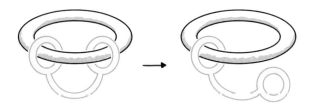

答案是肯定的，步骤如下图所示。

25. 下面两幅图中，左图是一个有三个洞的立体图形，右图是被挖出了三条通道的立方体（但其中一个通道在另一个通道上缠绕了一圈）。能否把左图连续地变形为右图？

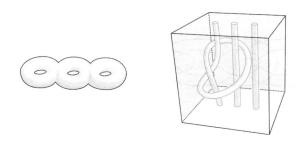

抱歉，我们已经很难画出变形的过程了，只好改用文字叙述了。不妨让我们改成从右图出发，考虑怎样把它变成左图，这会更容易想一些。让左起第一个通道的两头靠在第二个通道上，并在第二个通道上滑动。把上面的那头沿着第二个通道滑到底面，把下面的那头沿着第二个通道滑到顶面，你会发现此时立方体内的通道不再打结了。接下来，把通道都拉直，把整个立方体拍扁了捏一捏，很容易就变成左图了。

● ● ● ● ● ● ● ● ●

26. 下图中的3个绳圈套在一起，没有哪一个绳圈能从中分离出来。不过，真正有趣的是，如果去掉其中任意一个绳圈，那么其他所有的绳圈就都散开了。

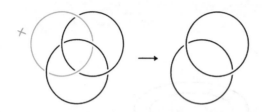

能否构造出满足同样要求的4个绳圈？具体地说，是否存在4个套在一起的绳圈，使得去掉其中任意一个绳圈都会导致其他所有的绳圈自动分离？

满足要求的构造是存在的，如下图所示。

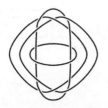

大家一定会接着问下去：那么，5个绳圈呢？6个绳圈呢？令人吃惊的是，对于任意的正整数n，满足要求的n个绳圈都是存在的，下面的两张图所展示的就是两种不同的构造模式，它们都可以适用于任意大的正整数n。

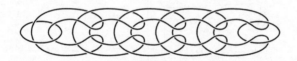

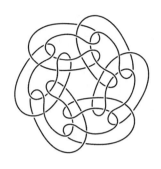

● ● ● ● ● ● ● ●

27. 把画框悬挂在一颗钉子上，总是给人一种很不安全的感觉，如果这颗钉子掉了的话，画框就会重重地砸在地上。但如果像下图那样，把画框挂在两颗钉子上，看上去可就安全得多了——如果有一颗钉子掉了的话，画框仍然能够悬挂在另一颗钉子上，就好像上了双保险一样。

这里，我们想要提出一个完全相反的问题——如何把画框挂在两颗钉子上，使得去掉任意一颗钉子，画框都会掉下去？

如下图所示，这样缠绕绳子后，画框保证能挂稳，但少了任意一颗钉子都不行。你不妨用耳机线和两根手指头亲自试一试。

大家肯定会问，如果钉子再多一些，还存在这种"一个都不能少"的悬挂方式吗？令人吃惊的是，对于任意数量的钉子，这种怪异的悬挂方法都是存在的。

比方说，如果有三颗钉子的话，可以像下面这样分成四步走线。第一步：在前两颗钉子上套用刚才只有两颗钉子的解法；第二步：让绳子在第三颗钉子上逆时针绕一下；第三步：逆着第一步的路径把绳子绕回起点；第四步：让绳子在第三颗钉子上顺时针绕一下。下面我们来说明，这种悬挂方式是满足要求的。

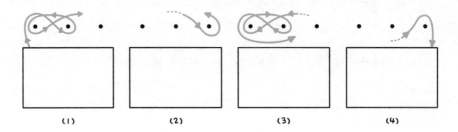

(1)　　　　　　(2)　　　　　　(3)　　　　　　(4)

如果拔掉第一颗钉子，那么根据之前的结论，第一步缠绕的绳子就全废了，第三步缠绕的绳子也全废了，整条绳子将会完全脱离前两颗钉子。于是，整条绳子就相当于是逆时针在第三颗钉子上绕了一下，但又立即顺时针在同一颗钉子上绕了一下，这相当于根本没绕上去。所以，画框会掉下来。如果拔掉的是第二颗钉子，同理可知画框也会掉。

如果拔掉的是第三颗钉子呢？那么，第二步和第四步缠绕的绳子就废了，整条绳子就相当于是按照某种方式在前两颗钉子上绕了一通，但又立即逆着原来的路线绕了回来，其结果就是完全没绕上去。因此，画框也会掉下来。

我们可以用同样的方法，以三颗钉子的解为基础，构造出四颗钉子的解，进而构造出五颗钉子、六颗钉子的解……因此，我们就证明了，不管钉子有多少，"一个都不能少"的悬挂方式总是存在的。

2 组合问题

顾名思义，组合数学（combinatorics）的主要研究对象就是与"组合"有关的问题，比方说符合某些特定条件的物体组合方式是否存在，如果存在的话究竟有多少，如果有很多的话究竟哪个最好，如何用一种系统的方式把它们全部找出来，等等。小学奥数和中学数学里所学的鸽笼原理、容斥原理、排列组合，都是解决组合问题最常用的方法。如果你曾经热衷于这些玩意儿，那你一定会喜欢这一章里的内容。

让我们先从一个极其经典的例子开始说起吧。

• • • • • • • • •

1. 我们常常把下面左图所示的这种1×2的小长方形叫做一个多米诺骨牌。给你足够多的多米诺骨牌，你能用它们既无重复又无遗漏地铺满右图所示的棋盘吗？每个多米诺骨牌既能横着放也能竖着放。

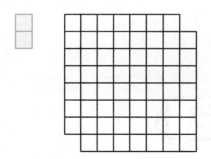

该棋盘当中一共有62个格子，每个多米诺骨牌都会覆盖其中两个格子。单从这一点上来看，31个多米诺骨牌完全有希望既无重复又无遗漏地覆盖整个棋盘。你或许简单尝试了几次，但每一次都会以失败告终，事实上，我们可以证明，满足要求的覆盖方案并不存在。首先，像下图那样对整个棋盘进行染色。

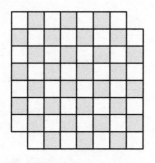

把一个多米诺骨牌放在棋盘上，它总会占据一黑一白两个格子。把31个多米诺骨牌放在棋盘上，它们应该占据31个黑格子和31个白格子。但是，图中的黑白格子数目是不相等的。这说明，满足要求的覆盖方案不可能存在。

为了确定上图中的黑白格子数量确实不等，除了一个一个地数以外，我们还有更简单的方法。在一个完整的8×8棋盘上按此模式染色，黑白格子应该各有32个；但是，我们去掉了对角上的两个格子，这两个格子都是黑格子。于是，白色的格子还是32个，黑色的格子就只剩30个了。

同理，如果我们在棋盘中去掉任意两个同色的格子，剩余的棋盘都是没法覆盖的。有人或许想问，如果我们去掉的是两个不同色的格子，剩下的黑白格子仍然相同，那么满足要求的覆盖方案就一定存在了吗？答案是肯定的。我们可以先在8×8的棋盘中找出一条路径，如下图所示。这条路径从某个格子出发，既无重复又无遗漏地经过其他每一个格子，最后又回到出发点。我们把这样的路叫做一条回路。

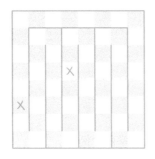

在这条回路上随便选两个颜色不同的格子，把它们挖掉，整条回路就被断成了两截。由于我们去掉的是两个颜色不同的格子，因此这两段路的长度一定都是偶数。我们只需要用多米诺骨牌顺次铺满这两段路即可。

在组合数学当中，"染色法"是一种非常常用的方法，很多与棋盘覆盖有关的问题都可以用染色法来解决。让我们来看另一个例子吧：在俄罗斯方块游戏中，不同形状的方块一共有7个，它们的总面积为28，那么是否能把它们拼成一个4×7的矩形呢？虽然游戏中的方块似乎都是填补空间的好手，但这个问题的答案却是否定的。原因很简单：如果把这7个方块都放到右图当中，你会发现几乎每一个方块都占据着两个黑色格子和两个白色格子，唯独"T"型方块所占的黑白格子个数始终不等，因而7个方块所占据的黑白格子总数也是不相等的。但在一个4×7的矩形区域中黑白格子数目是相同的，因此它不可能被这7个方块完全覆盖住。

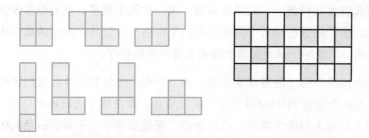

染色法还可以帮助我们证明很多其他组合问题的不可能性。这里我们不妨再举个简单的例子。35个人坐成一个5×7的方阵，他们正在玩这么一个游戏：主持人一声哨响后，每个人都必须迅速换坐到一个相邻的位置上去。一个有趣的事实是，不可能出现每个人都找到座位的情况，换句话说每次游戏都会有输的人。原因很简单，像刚才那样对5×7的方阵进行染色，你会发现白色的格子一共有18个，黑色的格子一共有17个。原来坐在白色格子里的人现在必须要到黑色格子里去，原来坐在黑色格子里的人现在必须要到白色格子里去。然而，黑白格子的数目是不相等的，因此这群人的目标不可能全部实现。

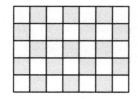

棋盘覆盖问题是组合数学中一个经常提及的话题。下面再举两个例子。

●●●●●●●●●

2. 能否用多米诺骨牌既无重复又无遗漏地覆盖一个标准的8×8棋盘，使得任意两个多米诺骨牌都不会拼成一个2×2的小正方形？

这是不可能的。我们可以很容易地证明这一点。

如下图所示，棋盘的a1位一定会被某个横着的或者竖着的多米诺骨牌占据。不妨假设a1位被某个横着的多米诺骨牌占据了，就像下图中的1号多米诺骨牌那样。为了不形成2×2的小正方形，a2的位置就只能用2号多米诺骨牌来占据；为了不形成2×2的小正方形，b2的位置就只能用3号多米诺骨牌来占据；为了不形成2×2的小正方形，b3的位置就只能用4号多米诺骨牌来占据……像这样推下去，最后会得出，为了不形成2×2的小正方形，g7的位置就只能用13号多米诺骨牌来占据，剩余的空位只能靠一个横着的多米诺骨牌来填充，从而被迫产生2×2的小正方形。

如果刚开始我们用一个竖着的多米诺骨牌来占据a1，结局也是相同的。

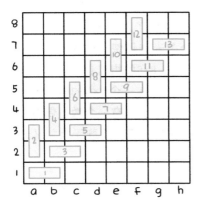

⬤⬤⬤⬤⬤⬤⬤⬤⬤

3. 能否用多米诺骨牌既无重复又无遗漏地覆盖一个6×6的棋盘，使得棋盘上的每一条水平线和每一条竖直线都会穿过至少一个多米诺骨牌？举个例子，下图所示的棋盘覆盖方案就是不满足要求的，因为棋盘的第二条水平线不会切断任何一个多米诺骨牌。

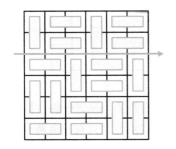

满足要求的棋盘覆盖是不存在的，我们有一个非常巧妙的证明。注意，任意一条水平线都会把整个棋盘分成上下两部分，这两部分所包含的小正方形的个数都是偶数。那些完全在这条线上面的多米诺骨牌会占据其中偶数个格子，那些完全在这条线下面的多米诺骨牌也会占据其中偶数个格子，因而棋盘的上下两部分各剩下了偶数个格子，这些格子就留给了那些穿过了这条水平线的多米诺骨牌来占据。每一个穿过了这条线的多米诺骨牌都会在上下两部分棋盘各占据一个格子，因此为了完全覆盖棋盘，这样的多米诺骨牌必须得有偶数个才行。结论就是：在一个满足要求的棋盘覆盖方案中，每条水平线都会穿过至少两个多米诺骨牌。同理，每条竖直线也都会穿过至少两个多米诺骨牌。然而，在6×6的棋盘中，水平线和竖直线一共有10条，每条线上都有两个多米诺骨牌，这显然是不现实的，因为整个棋盘里一共只能放下18个多米诺骨牌。

有趣的是，棋盘再稍微大一些，这种推理就失效了。在一个8×8的棋盘中，水平线和竖直线一共有14条，它们对应于28个多米诺骨牌，这并不会导致矛盾，因为棋盘里一共能放下32个多米诺骨牌。那么，8×8的棋盘是否存在满足要求的覆盖方案呢？更一般地，对于哪些正整数M和N，在一个M×N的棋盘里存在满足要求的覆盖方案呢？注意，M和N这两个数当中至少得有一个数是偶数，否则整个棋盘将会有奇数个小方格，这根本不可能被多米诺骨牌既无重复又无遗漏地覆盖住。

不妨假设M≤N。M=1和M=2的情况基本上可以直接排除了（不过，这里面有一个特例，即(M, N)=(1, 2)可以算作是一个平凡解）。M=3的情况基本上也可以直接排除，但这可能不大容易看出来。假如一个棋盘只有3行，最左边那一列肯定不能全用横向的多米诺骨牌覆盖，否则将会立即产生一条通畅的竖直线，如左图所示。那么，最左边那一列肯定有一个纵向的多米诺骨牌，比如右图中的1号多米诺骨牌。于是，覆盖方案会被迫地向右图所示的方向发展，最终会不可避免地出现一条通畅的水平线。

M=4的情况也能被排除。最左边的那一列不能全被横着的多米诺骨牌占据，也不能全被竖直的多米诺骨牌占据，剩下的本质不同的可能性就只有下面两种了，这最终都会被迫失败。

接下来该考虑的就是M=5的情况。由于M、N都等于5的情况被我们排除了（M、N不能都是奇数），因此我们应该着手研究的是M=5并且N=6的情况。这是第一次出现有解的情况：在5×6的棋盘上，满足要求的覆盖方案是存在的！下图就是其中一种方案，你可以先自己想一会儿再查看答案。

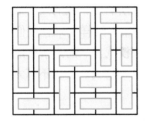

令人意想不到的是，对于其他所有的情况，满足要求的覆盖方案都是存在的！也就是说，如果我们能用多米诺骨牌既无重复又无遗漏地覆盖M×N的棋盘，使得棋盘中的每一条水平线和竖直线都会穿过至少一个多米诺骨牌，则M和N必须而且只须同时满足下列条件：

- ❏ M和N至少有一个是偶数；
- ❏ M和N都大于4；
- ❏ M和N不同时等于6。

刚才，我们已经给出了M、N分别等于5和6时的方案。我们便能很快得出，只要M、N这两个数一个是奇数一个是偶数，满足要求的覆盖方案都是存在的。这是因为，对于任意一个合法的覆盖方案，我们都能按照下面的模式，把它扩展成一个新棋盘下的覆盖方案，使得棋盘其中一条边的长度不变，另一条边的长度比原来增加2个单位。

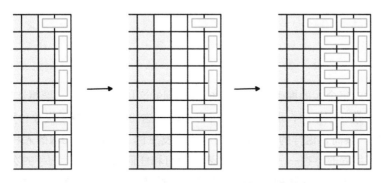

我们详细解说一下这种扩展模式吧。首先注意到，原覆盖方案的最后一列不可能都是用横向的多米诺骨牌覆盖的，也不可能都是用纵向的多米诺骨牌覆盖的（否则会立即产生一条通畅的竖直线）。因此，最后一列的多米诺骨牌一定是有横有竖的。把这些多米诺骨牌向右移动两个单位，然后用横向的多米诺骨牌填充由此所得的空白，就得到了一个新的方案。新方案的每条线为什么都穿过了至少一个多米诺骨牌呢？为了说明这一点，我们只需要考察新的棋盘中最后那几条竖直线即可。这很容易看出来——刚才的那个"有横有竖"的结论可以保证这些竖直线都不会是畅通的。

现在，估计大家已经看出来了，为了填上之前埋下的所有坑，我们只差最后一环了：在一个6×8的棋盘上设计一种满足要求的覆盖方案。这样一来，我们便能从5×6和6×8这两个基础布局出发，不断套用刚才的扩展模式，从而为所有应该有解的棋盘提供一个满足要求的解。给出一个6×8的布局并不容易，但也不算太难，你也可以先想一想，再查看下图所示的答案。

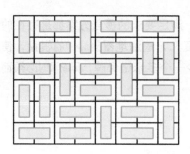

原问题已经是一道非常经典的问题了，Richard Brualdi的经典组合数学教材*Introductory Combinatorics*开篇就提过这个例子。后面的探讨则出自Solomon Wolf Golomb的*Polyominoes*一书。

接下来，让我们进入组合数学中另一个庞大的话题：图论。

● ● ● ● ● ● ● ● ●

4. 某次会议一共有100个人参加，其中某些人之间握过手，但每两个人之间最多只会握一次手。会议结束后，不同的人握手的次数不同，有的人握手次数少，有的人握手次数多。证明：我们一定能找到两个人，他们握手的次数是相同的。

首先注意到，每个人的握手次数都只能是从0到99这100个数之一。要想让这100个人的握手次数互不相同，那么只有一种可能性：这100个人的握手次数分别是0, 1, 2, 3, …, 99。然而，这样的事情是绝对不可能发生的，因为握手0次的人和握手99次的人不可能同时存在——握手0次就表示没有和任何人握过手，握手99次就表示和所有人都握过手，这两种人显然无法并存。所以，100个人的握手次数互不相同是不可能的，至少有两个人的握手次数是相同的。

● ● ● ● ● ● ● ● ●

5. 一对夫妇邀请99对夫妇参加聚会，因此聚会上总共有200人。每个人都和所有自己不认识的人握了一次手。然后，男主人问其余所有人（199个人）各自都握了几次手，得到的答案全都不一样。假设每个人都认识自己的配偶，那么女主人握了几次手？

首先注意到，每个人的握手次数都只能是0到198这199个数之一。除去男主人外，一共正好有199个人，因此每个数恰好出现了一次。我们不妨就用每个人的握手次数来给所有人编号。0号没和其他任何人握过手，198号和其他所有人（除了自己配偶以外）都握过手。这两个人肯定是一对夫妻，否则后者将和前者握手，从而前者的握手次数就不再是0了。把这对夫妻去掉后继续观察。1号没和剩下的其他任何人握过手（他的唯一一次握手贡献给了刚才的198号），197号和其他所有剩下的人（除了自己配偶以外）都握过手（唯一没握到手的是刚才的0号）。这两个人肯定是一对夫妻，否则后者将和前者握手，从而前者的握手次数不再是1……以此类推，2号和196号配对，3号和195号配对，直到98号和100号配成一对。此时，除了男主人及其配偶以外，其余所有人都已经配对。根据排除法，最后剩下来的那个握手次数为99的人就是女主人了。

● ● ● ● ● ● ● ● ●

6. 有101个人，他们的朋友关系满足这样一种奇特的性质：任意50个人都能找到一个公共的好友。换句话说，任选50个人，则在剩下的人中总有一个人，他和这50个人都是朋友。证明，一定有这样一个人，他和所有人都是朋友。我们假设朋友关系是双向的，也就是说如果A是B的朋友，那么B一定是A的朋友。

如果某些人互相之间都是朋友，我们就说这些人组成了一个朋友圈。首先，随便选2个互为朋友的人，他们就组成了一个人数为2的朋友圈。把这个朋友圈里的人和另外48个人放在一块儿，凑成50个人，那么根据条件，我们总能找到某个人，他和这50个人都是朋友，当然也就和朋友圈里的那2个人都是朋友了。因此，我们就能把这个人加进朋友圈，朋友圈的人数就变成了3。继续把这个朋友圈里的人和另外47个人放在一块儿，凑成50个人，那么根据条件，我们总能找到某个人，他和这50个人都是朋友，当然也就和朋友圈里的那3个人都是朋友了。因此，我们就能把这个人加进朋友圈，朋友圈的人数就变成了4……如此反复，直到我们把朋友圈扩展到了51个人，这种扩展就到头了。然而，换个角度一想，你会发现此时问题已经解决了。根据条件，朋友圈里面一定有这样一个人，他和不在这个朋友圈里的那50个人都是朋友；而这个人在朋友圈里，本来就和圈里的其他50个人都是朋友。因而，他就是一个和所有人都是朋友的人。

● ● ● ● ● ● ● ● ●

7. 10个人中每两个人之间都进行过一次比赛，假设比赛不可能出现平局。证明：一定能找出这样的一个人，他或直接或间接地打败了其他所有人。所谓间接地打败了一个人，就是说，虽然没有直接打败他，但却打败了一个打败了他的人。

从这10个人中，选出获胜场数最多的那个人；如果出现并列最多的情况，随便选一个就行了。我们接下来证明，这个人就是满足题目要求的人。假设这个人一共获得了x场胜利，换句话说被他直接打败的一共有x个人。如果他不是满足题目要求的人，这就意味着有个人既没有输给他，也没有输给这x个人当中的任何一个，那这个人至少赢了x+1次，这样他就成了获胜次数更多的人，与之前的假设矛盾。

●●●●●●●●

8. 10个人中每两个人之间都进行过一次比赛，假设比赛不可能出现平局。为了达到某种娱乐效果，我们希望把这些人排成一排，使得第1个人打败了第2个人，第2个人打败了第3个人，等等，一直到第9个人打败了第10个人。证明：这是总能办到的。

随便选两个人A、B，不妨假设A打败了B。于是，我们手中就有了一条长度为2的"打败链"，不妨记作A→B。现在，从剩下的人当中随便找一个人C。如果C把A打败了，那么我们就可以把C加在刚才那条链的最前面，得到了一条长度为3的"打败链"C→A→B；如果C被B打败了，我们就可以把C加在刚才那条链的最后面，得到一条长度为3的"打败链"A→B→C。怕就怕出现这样的情况：这两件事情都没有发生。换句话说，C既没能打败A，也没有被B打败。这说明A打败了C，而C又打败了B，所以"打败链"可以扩展为A→C→B。不管怎样，现在链条的长度都增加到了3。

再从剩下的人当中随便找一个人D。和刚才类似，情况也分三种。有可能D打败了当前链的链头，因而D可以加在这条链的最前面；也有可能D被当前链的链尾打败了，因而D可以加在这条链的最后面。最麻烦的就是，D被链头打败了，又偏偏打败了链尾。那么，依次考虑D和链条中各个成员的比赛结果，你会发现从链头一直看到链尾，D从败者变成了胜者。因此，在这个过程中，至少发生过一次这样的情况：D被链条中的某一个成员打败了，但却打败了链条中的下一个成员。D就可以插入到这两个成员之间了。

类似地，不管比赛结果是怎么分布的，我们总能把任意一个新成员添加到"打败链"中的某个适当的位置，从而增加链条的长度。最终，我们一定会成功地得到一个长度为10的"打败链"。

我们实际上证明了图论当中一个重要的定理：竞赛图（tournament）当中一定存在汉密尔顿路径（Hamiltonian path）。

●●●●●●●●

9. 某个国家里有100座城市，每座城市里都有一个机场。某些城市之间设有航班，所有的航班都是双向的。目前的航班规划满足下面两个条件：首先，这些航班连通了所有的城市，换句话说，你可以经过有限次换乘，从任意城市到达任意城市；其次，去掉任意一个航班，所有城市仍然保持连通，换句话说，不会出现什么"关键航班"，把它去掉之后这些城市就变成两座孤立的"岛"了。

现在，航空公司收到上级命令，需要把每一个航班都改成单向的。航空公司总能精心地设置各个航班的方向，使得任意两个城市之间仍然是可以到达的吗？

是的。下面就是一种方法。为了便于叙述，我们把原来的航线网络和新的航线网络作为两个不同的系统严格地区分开来。原来的航线网络中，每个航班都是双向的，并且这些航班满足题目中的两个条件。目前，新的航线网络中暂时还没有设置任何航班。

让我们先把目光放在原来的航线网络上。随便选两座有直飞航班的城市A、B，从A直接飞到B之后，我们一定有办法通过别的路线回到A，因为条件保证了，即使禁掉A、B之间的航班，A、B之间仍然是连通的。这样，我们就相当于找到了一条从A出发，经过某些航班，最后又回到A的一条回路。现在，把这条回路上的所有航班全部加进新的航线网络中，我们刚才是怎么走的，每个航班的方向就怎么定。现在，我们已经有了一个小的"城市圈"，其中每两个城市都可以只通过新航线互相到达。我们的目标就是在新的航线网络中继续添加航班，使得城市圈的范围进一步扩大，直到涵盖所有的城市。

现在，在原来的航线网络中找一条连接圈内城市和圈外城市的航班，比如说X、Y之间的航班，其中X是一座圈内城市，Y是一座圈外城市。这样的航班肯定是有的，因为条件保证了圈内城市和圈外城市是连通的。那么在原来的航线网络中，我们能找到一条先从X飞到Y再绕回到X的回路，道理和刚才一样。现在，我们就从城市X出发，沿着这条回路往下走，在城市圈外面逛荡一会儿，直到我们重新遇上了城市圈内的某座城市Z，然后把刚才乘坐的航班全部加入新的航线网络，方向与刚才的旅行路线一致。如果我们一直在圈外，总也遇不到圈内的城市呢？那么最终我们会回到城市X，城市X本身就扮演了城市Z的角色。不管怎样，新的航线网络里都会增添一些航班，增添一些城市。注意下面三点。

(1) 新加进来的城市可以到达原来城市圈里的任意一座城市：只需要先走到城市Z，然后再利用城市圈走到想去的地方即可。

(2) 原来城市圈里的城市可以到达任意一座新加进来的城市：只需要先利用城市圈走到城市X，然后顺着新加进来的航线往下走即可。

(3) 新加进来的城市互相之间都能到达：即使出发城市不巧位于目的城市的"下游"，我们也可以先顺行到城市Z，再利用已有的城市圈到达城市X，再走到目的城市。

因而，新加进来的城市和原来城市圈里的城市共同组成了一个更大的城市圈。这样，我们就有了一种扩大城市圈的方法。不断套用这种方法，把圈外的城市一点一点地并入已有的城市圈，直到最后城市圈涵盖了所有城市为止。如果原来的航线网络当中还有没涉及的航班，我们可以直接把它们都加进新的航线网络中，方向可以随意指定。反正它们都已经无关紧要了。

我们实际上证明了图论当中的一个重要的定理：对于任意一个双连通无向图（biconnected undirected graph），我们一定能为所有边指定一个方向，使之成为一个强连通图（strongly-connected digraph）。这个定理叫做Robbins定理，是由Herbert Robbins在1939年提出的。

●●●●●●●●

10. 某个国家里有100座城市，每座城市里都有一个机场。这些机场之间一共有1000个航班，每个航班都连接着两座城市。所有的航班都是双向的。每个航班都有一个固定的价格，并且所有航班的价格互不相同（我们假设从A飞到B和从B飞到A的价格是相同的）。现在有一名商人，他想要连续乘坐20趟航班，使得各趟航班的价格不断增加。证明：他总能找到这样的路线。商人可以根据需要任意选择路线的起点和终点。

为了证明这个结论，让我们在100座城市里各放置一名商人，然后按照价格从低到高的顺序依次清点所有1000个航班，每点到一个航班，就让这条航线两头的商人互相飞到对方那里去。遍历完所有的航班后，每一名商人的移动轨迹都构成了一个航班价格不断递增的路线。由于每次点到一个航班时，我们都会让其中两名商人各坐一趟飞机，因此最终所有商人一共坐了2000趟飞机，换句话说所有100条路线一共包含了2000趟航班。显然，不可能每条路线包含的航班数都小于20，因而其中一定有一条路线，它所包含的航班数至少是20。这条路线就满足题目中的要求。

这个谜题出自http://www.cs.cmu.edu/puzzle/puzzle28.html，作者是Peter Winkler。

接下来则是组合数学的另一个研究对象：计数。

●●●●●●●●

11. 在下图中，是黑色的小方块多还是白色的小方块多？

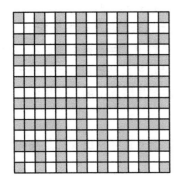

答案：白色的小方块多。注意整个图形最外面一圈的小方块是黑白相间的，把它们去掉不会改变问题的答案；再把这个图形的第二圈也去掉，黑白方块的数量之差仍然不变。如此继续，直到最后只剩下正中心的一个白色方块。因此，在这个图形中，白色的小方块比黑色的小方块多一个。

● ● ● ● ● ● ● ● ●

12. 你可以在一个8×8的房间里沿着网格线放置任意数量的隔板，下图展示的就是两种不同的放置方案。在左边那种放置方案中，整个房间仍然是连通的；在右边那种放置方案中，整个房间被隔板隔断。由于放置隔板的位置一共有112个，因此所有可能的隔板放置方案一共有2^{112}=5 192 296 858 534 827 628 530 496 329 220 096种。其中，是"连通型"的放置方案多还是"隔间型"的放置方案多？

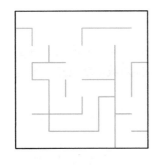 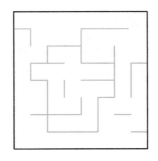

直觉上大家会觉得，隔板多了必然是隔间型，但隔板少了不见得是连通型，因此隔间型房间会多一些。这个直觉是正确的。我们来严格地说明这一点。

假如房间里的112个位置上全是隔板，整个房间被隔成了64个小的区域。每去掉一个隔板最多只能连通其中两个区域，为了让64块区域全部连通，我们至少要去掉63个隔板。因此，一个连通型的房间最多只能有49个隔板。

接下来，我们把所有放置方案按照下面的方式进行两两配对：如果方案A中放有隔板的位置方案B中正好都没有放，而方案A中没放隔板的位置方案B中正好都放了，我们就把方案A和方案B配成一对。容易看出，任意两个可以配对的方案当中，隔板总数一定正好是112个，回想前面的结论就能看出，这两种方案不可能都是连通型的。然而，两个能配成对的方案都是隔间型的，这样的例子比比皆是。

任意两个配对方案中，至少有一个是隔间型，而且还经常出现都是隔间型的情况。这说明隔间型的房间会更多一些。

●●●●●●●●●

13. 把数字1, 2, 3, 4, 5, 6, 7, 8, 9, 10以任意的顺序写成一排。如果前面的某个数比后面的某个数大，我们就说这两个数形成了一个"逆序对"。比方说，序列1, 2, 3, 4, 8, 5, 7, 6, 9, 10里就有4个逆序对，分别是(8, 5)、(8, 7)、(8, 6)、(7, 6)。

不难算出，数字1, 2, 3, 4, 5, 6, 7, 8, 9, 10的排列顺序一共有$10 \times 9 \times 8 \times 7 \times 6 \times 5 \times 4 \times 3 \times 2 \times 1 = 3\ 628\ 800$种不同的情况，那么平均每一种情况里会出现多少个逆序对？

答案：22.5个。首先要注意，如果把一个序列反过来写，那么原来是逆序对的两个数现在就不是逆序对了，原来不是逆序对的两个数现在就变成逆序对了。换句话说，如果序列A和序列B是两个完全逆序的序列，那么从1到10当中任取两个不同的数，它们要么在序列A里面构成一个逆序对，要么在序列B里面构成一个逆序对。而从1到10当中任取两个不同的数，共有45种不同的取法。因此，序列A和序列B里一共有45个逆序对。

我们把每个序列都和它的逆序序列配成一对，你会发现每一对序列的逆序对数量之和都是45个。因此全部均摊下来，每个序列的逆序对数量就是22.5个了。

●●●●●●●●●

14. 把一根绳子对折3次，然后从中间剪断。整根绳子会变成几段？

答案：9段。这是因为，把这根绳子对折3次后，绳子就变成了8股，如果用剪刀剪断的话，就相当于在原来的绳子上制造了8个"断口"，因而绳子就会变成9段。

这是一个非常有意思的问题，你可以自己动手试一下。你会发现，这9段绳子有的长有的短，这或许会和你的想象不太一样。

• • • • • • • • •

15. 把4写成若干个正整数之和一共有7种方法：1+3, 2+2, 3+1, 1+1+2, 1+2+1, 2+1+1, 1+1+1+1。注意，所用的数字相同但顺序有所不同的方案，也算作是不同的方案。我们的问题是，把10写成若干个正整数之和一共有多少种方法？

一个一个地数肯定是数不完了，答案是511种。把10分解成正整数之和的每一种方案，都对应于在下面的空格中填写加号的方案：

　　1_1_1_1_1_1_1_1_1_1

例如，在下面这些位置填写加号：

　　1_1+1_1_1_1_1+1_1_1

代表的就是2+5+3。我们一共有9个空格，每个空格都可以填加号，也可以不填加号，因此填法的总数为2^9=512种。这里面包含了一个不合法的方案，即一个加号都没添加的方案。所以，最终的答案是511种。

• • • • • • • • •

16. 大家应该玩过井字棋游戏吧？两名玩家在3×3的棋盘上轮流下子，先在同一条线（横线、竖线或斜线）上占有3枚棋子的玩家获胜。容易看出，赢得游戏的方式一共有下面8种。

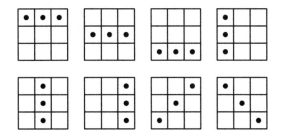

你知道吗？其实还有一种加强版的井字棋游戏，叫做立体井字棋。1953年市面上首次出现了这种桌游，后来又被做成了不同版本的电脑游戏。游戏规则很简单：两名玩家在4×4×4的立方体上轮流下子，约定谁最先有4枚棋子形成一条线，谁就获胜了。我们的问题就是，在立体井字棋游戏中，赢得游戏的方式一共有多少种？

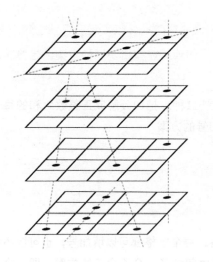

答案：76种。最笨的方法就是一个一个地数了，不过要想既无重复又无遗漏地把所有情况都数一遍，并不是一件容易的事情，你需要设计一种合适的归类方案，制定一个详尽的计数策略才行。有没有什么巧妙的方法，能够站在某种整体的角度，直接算出问题的答案呢？

下面是一种我很喜欢的方法。假设我们把这个4×4×4的立方体外面加上一层外壳，那么整个立方体会变成6×6×6的大小。接下来，把原立方体当中的每一条合法的直线向两头延伸，它将会穿透外壳上的其中两个立方体。由于外壳上的立方体个数为6×6×6-4×4×4=152，因此原立方体当中的合法直线就有152÷2=76条。

据此，我们可以得到一个公式：在一个边长为n的d维立方体中，n个棋子正好成一条直线的情况数为$((n+2)^d-n^d)/2$。

井字棋游戏是一个古老的博弈游戏，我们会在博弈问题一章里再次提到它。

最后则是几个不太好归类的问题。

●●●●●●●●●

17. 把64枚硬币放在一个8×8的标准棋盘上，每个格子里放一枚硬币。我们保证只有一枚硬币是反面朝上的，其余63枚硬币全都是正面朝上的。你每次可以选择某一行或者某一列的硬币，并把它们全部翻过来。是否总有办法把棋盘上的所有硬币全部变成正面朝上？

对于一个2×2的棋盘来说，这个问题很好回答。如果刚开始棋盘上的硬币是1个反面3个正面，那么我们永远也没法把所有硬币都变成正面，因为不管把哪一行里的硬币翻过来，或者把哪一列里的硬币翻过来，棋盘上的硬币永远是1个反面3个正面或者1个正面3个反面。

其实，想到了这点以后，问题就已经解决了。我们可以在8×8的棋盘上选取一个2×2的小正方形区域，使得它包含了那枚反面朝上的硬币。不管你在棋盘的其他位置做了什么事情，至少这个小区域里的硬币是没法全部变成正面的，因而整个问题也就不可能有解了。

18. 把64枚硬币放在一个8×8的标准棋盘上，每个格子里放一枚硬币，正反是随机的。你每次只能选一个3×3或者4×4的小正方形，并把里面的硬币全部翻过来。是否总有办法把棋盘上的所有硬币全部变成正面朝上？

答案：不能。8×8的大正方形中包含36个3×3的小正方形和25个4×4的小正方形，因此总共有61种可能的操作。每一种操作都会涉及棋盘里的9枚硬币或者16枚硬币。对整个棋盘进行了一连串操作之后，每一枚硬币最终有没有被翻过来，完全取决于它被涉及了奇数次还是偶数次。因此，给定一个操作序列后，这些操作的先后顺序是无关紧要的。另外，容易看出，在一个操作序列中使用偶数次相同的操作是毫无意义的，使用奇数次相同的操作其实就相当于只用了一次这样的操作。因此，为了考察一个操作序列的效果，我们只需要看看这61种可能的操作中，哪些操作被执行过偶数次（包括0次），哪些操作被执行过奇数次。这意味着，本质不同的操作序列只有2^{61}种，它们只够解决2^{61}种不同的棋盘初始布局。但是，在8×8的棋盘上放置硬币，这些硬币的正反一共有2^{64}种可能的组合，因此不是每种情况都是有解的。

这是一个绝好的"非构造性"证明的例子：我们证明了有些初始布局是无解的，但却没法给出一个这样的布局来！

19. 有4根并排放置的木杆，每根木杆的顶端都有一只猴子。稍后，猴子们会一个一个地沿着木杆滑到底端。在此之前，你可以在这4根木杆之间添加任意数量的横梁，每一根横梁都可以加在任意两根相邻木杆之间，所有横梁的高度互不相同。图(1)所示的就是一种添加横梁的方法。然后，猴子会依次地沿着木杆往下滑，但每次遇到一根横梁都必须爬到横梁的另一端去。图(2)到图(5)所示的就是各个猴子的路线。注意一个有意思的现象：4只猴子的落点互不相同。

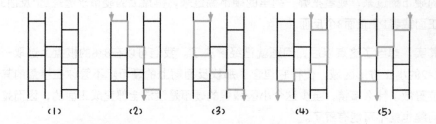

（1）　　　（2）　　　（3）　　　（4）　　　（5）

证明：不管怎样添加横梁，4只猴子的落点总是互不相同的。

答案出人意料地简单：假设所有的猴子同时往下滑，它们总是保持在同一高度的位置上。每次遇到一根横梁，其结果仅仅是让两只猴子交换了一下位置，然后4只猴子继续并排下滑。很容易看出，最终4只猴子的落点不会发生冲突。

由于这种图的顶端与底端有着一一对应的关系，因此我们可以用它来实现一种抽签游戏。日本就有种游戏叫做"阿弥陀签"（あみだくじ），大致玩法是画出与总人数相同的竖线，然后在底端写下要分配的结果，比如大扫除对应的工作、联谊会配对的对象、来年运势预测的结果等等，中间随机画上横梁。接下来，把整个图的中间部分用东西挡住，只露出所有竖线的顶端，让每个人"盲选"一个起点。去掉中间部分的遮挡之后，大家按照题目所述规则依次走下去，便能得出最终的抽签结果。

一个有趣的问题是，这种抽签方式确实能够实现所有可能的对应关系吗？答案是肯定的。画出若干条竖线，再随意指定一种从顶端到底端的对应关系，我们便能用一种系统的方式构建出一组满足要求的横梁。现在我们就来演示一下，如果有5根竖线，它们的顶端和底端的对应关系为$(1, 2, 3, 4, 5)\rightarrow(4, 5, 2, 1, 3)$，那么我们应该如何构建一组满足要求的横梁？

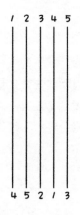

先看看谁需要被调到第一列去，然后我们就用一系列"阶梯"，把它调到第一列去。如下图，我们连续使用3个横梁，把数字4调到第一列，从而把(1, 2, 3, 4, 5)变成(4, 1, 2, 3, 5)。现在，第一列的数已经到位了，后面4列数仍然有待调整。接下来，我们就看看谁需要被调到第二列去，并且再添加一系列阶梯形的横梁把它调到位；如果有必要，我们再继续寻找最终应该位于第三列的数，然后添加横梁把它调整到第三列去……不断这样下去，直到所有数字的顺序与目标完全一致即可。

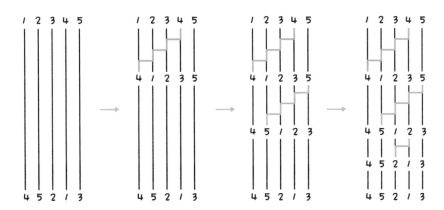

一个有趣的结论是，为了实现同一种对应关系，我们有很多添加横梁的方案，但上述过程得到的方案一定是花费横梁最少的方案。怎样证明这一点呢？我们刚才在第13题当中提到过"逆序对"的概念，此时竟然派上了大用场！注意，每根横梁的作用，本质上就是交换了两个相邻位置上的数字，其结果就是：整个序列的逆序对个数要么加1，要么减1。为什么？不妨假设这两个数字是x和y，原来x位于y的左边，现在x跑到了y的右边。你会发现，除去x、y这两个数本身以外，其他所有的数原来在x的哪边，现在还在x的哪边，原来在y的哪边，现在还在y的哪边。相对位置关系真正发生变化的，就只有(x, y)这一对数。如果原来$x<y$，交换后整个序列的逆序对就会增加一个；如果原来$x>y$，交换后整个序列的逆序对就会减少一个。

不难看出，在刚才的横梁构建策略中，我们始终是把更大的数不断往前移动，因此每根横梁起到的都是增加逆序对个数的作用。另外要注意，刚开始的时候，所有数字顺序排列，逆序对的个数为0。因此，如果我们套用刚才的横梁构建策略，花费m根横梁实现了竖线底端的目标序列，那么这个目标序列一定正好有m个逆序对。显然，这个序列不可能用更少的横梁来实现，因为每根横梁最多只能让序列的逆序对个数加1，为了得到一个拥有m个逆序对的序列，至少得要m根横梁才行。

我们还会在策略问题中再次用到"逆序对"这个工具。

●●●●●●●●

20. 一个环形轨道上有100个加油站，所有加油站的油量总和正好够车跑一圈。证明，总能找到其中一个加油站，使得初始时油箱为空的汽车从这里出发，能够顺利环行一圈回到起点。

这个结论有很多不同的证明方法。下面两个是我比较喜欢的。第一种证明方法如下。

首先，总存在一个加油站，仅用它的油就足够跑到下一个加油站（否则所有加油站的油量加起来将不够全程）。把下一个加油站的所有油都提前搬到这个加油站来，并把油已被搬走的加油站无视掉。在剩下的加油站中继续寻找油量足以到达下一个加油站的地方，不断合并加油站，直到只剩一个加油站为止。显然从这里出发就能顺利跑完全程。

第二种证明方法如下。先往汽车油箱里装足够多的油，从任意一个加油站出发试跑一圈。每到一个加油站时，都记录此时油箱里剩下的油量，然后把那个加油站的油全部装上。试跑完一圈后，检查刚才路上到哪个加油站时剩的油量最少，那么空着油箱从那里出发显然一定能跑完全程。

你更喜欢哪种证明方法？

●●●●●●●●

21. 下面是一个与扫雷游戏有关的趣题。图(1)是一个雷区布局。根据扫雷游戏的规则，我们在棋盘的每块空地上都标一个数字，它表示周围的8个方块中有多少颗雷。现在，把原来有雷的地方变成空地，并在原来没有雷的地方放一个雷，于是整个雷区布局就变成了图(2)那样。同样地按照扫雷的规则，为右图中的每个空地填上数字。一个美妙的结论是，这两个棋盘上的数字和是相等的。

✹	✹	2	1	2	✹	3	2
3	3	3	✹	3	3	✹	✹
1	✹	2	2	✹	3	3	3
2	2	2	2	2	2	✹	1
✹	3	3	✹	2	2	3	2
2	✹	✹	2	2	✹	2	✹

(1)

2	4	✹	✹	✹	4	✹	✹
✹	✹	✹	7	✹	✹	6	4
✹	8	✹	✹	7	✹	✹	✹
✹	✹	✹	✹	✹	✹	8	✹
4	✹	✹	✹	✹	✹	✹	✹
✹	3	3	✹	✹	5	✹	3

(2)

证明：对于任意一个雷区布局，它上面的所有提示数字之和与它的"反转布局"上面的所有提示数字之和一定是相等的。

对于棋盘上的每个空地，在它和它周围的每个雷之间连接一条短线。显然线条的总数目就是棋盘上的数字和。把棋盘上的雷区布局反转过来之后，原来的线条现在仍然存在（线条两端原先是一雷一空地，现在仍然是一雷一空地），原来没有线条的地方现在仍然没有（两个邻格要么都有雷要么都是空地，在反转后的棋盘中依旧如此）。因此，反转布局中的线条和原来一模一样，线条总数不变，即数字和不变。

22. 有1000枚硬币堆在一起。把它们任意分成两堆，并计算出这两堆的硬币数的乘积。然后，任意选择其中的一堆硬币，把它继续分成两个更小的堆，并计算出这两堆的硬币数的乘积。不断这样做下去，直到最后每堆都只剩一枚硬币为止。证明：把途中产生的所有乘积全部加在一起，结果是一个固定的数，它不随分法的改变而改变。

这个问题的答案也出人意料地简单。每次把一堆硬币分成两堆后，计算两堆硬币数量的乘积，实际上相当于是在计算有多少对硬币在这一步被分开了。最后所有乘积的总和，也就是在整个过程中被分开的硬币对的总数。然而，1000枚硬币之间共有499 500个硬币对（其实你不用关心1000枚硬币之间有多少硬币对，只需要知道它是一个固定的数就行了），所有的硬币对最终都被分开了。因而，把所有乘积加在一起后，总和始终是499 500，这不随分法的变化而变化。

23. 大礼堂里一共有1000个座位，它们的编号分别为1, 2, 3, …, 1000。某次音乐会的售票工作已经完成，经统计，共有800个人拿到了入场券。由于入场券数量小于座位数量，因此大礼堂的座位完全足够。每张入场券上都印有座位号，入场者凭入场券对号入座。在这800个人即将按顺序依次入场时，工作人员发现了一个严重的问题：由于印制错误，入场券上印的座位号只有1到500。我们假设这500个座位号每一个都在入场券中至少出现了一次。但是，由于入场券一共有800张，因而这800个人中有一些人的入场券上印有相同的座位号。这样，入场时必将发生很多次座位的争执。我们假定，当一个人入场后发现他该坐的位置上已经有了人时，这两个人将发生一次争执，争执的结果总是这个人不能夺回座位；此时该人继续寻找下一个座位号并可能再次发生争执，直到找到一个空位为止。

证明：总的座位争执发生的次数与观众的入场顺序无关。换句话说，不管这些观众以什么样的顺序入场，座位争执的总次数都是一样的。

一个非常重要的观察是，等所有人都入座完毕后，它们正好占据了1, 2, 3, …, 800这些编号的座位。每个人遇到的争执次数，等于他实际坐到的座位编号，减去他的票上所写的座位编号。所有人遇到的争执次数之和，也就等于所有人所坐到的座位编号之和，减去所有人票上所写的座位编号之和。而前者的数值是固定的，即1+2+3+…+800=320 400；后者的数值也是固定的，因为观众票上的座位编号并不会变。所以，总的争执次数也就是一定的了。

3 行程问题

无论是小学奥数，公务员考试，还是公司的笔试面试题，似乎都少不了行程问题——题目门槛低，人人都能看懂，但思路奇巧，的确会难住不少人。平时看书上网、与人聊天、与小学奥数打交道的过程中，我收集到很多简单有趣而又颇具启发性的行程问题，这些题目都已经非常经典了，绝大多数可能大家都见过。希望这里能有至少一个你没见过的题目，能让你有所收获。

让我们先从一些最经典的问题说起吧。

●●●●●●●●●

1. 两列火车从相距100千米的地方出发相向而行，每列火车的速度都是每小时50千米。其中一列火车的前面有一只苍蝇，它以每小时75千米的速度飞向另一列火车，碰上对方后立即折返飞行，直到碰上第一列火车后再次折返，如此反复。等到两列火车相遇时，苍蝇在它们中间一共飞了多少千米？

这可以说是最经典的行程问题了。不用分析苍蝇具体飞过哪些路程，只需要注意两列火车从出发到相遇需要一个小时，在这一个小时的时间里苍蝇一直在飞，因此它飞过的路程就是75千米。

说到这个经典的问题，故事可就多了。据说数学家冯·诺依曼（John von Neumann）曾被问到过这个经典的"脑筋急转弯"，他当然瞬间给出了答案。提问者非常失望地说："你以前就听过这个诀窍吧？"冯·诺依曼惊讶道："什么诀窍？我就是算了一个无穷级数而已。"

●●●●●●●●●

2. 某人早晨8:00从山脚出发，沿山路步行上山，晚上8:00到达山顶。不过，他并不是匀速前进的，有时慢，有时快，有时甚至会停下来。第二天，他早晨8:00从山顶出发，沿着原路下山，途中也是有时快有时慢，最终在晚上8:00到达山脚。试着说明：此人一定在这两天的某个相同的时刻经过了山路上的同一个点。

这个题目也是经典中的经典了。把这个人两天的行程重叠到一天去，换句话说，想象有一个人从山脚走到了山顶，同一天还有另一个人从山顶走到了山脚。这两个人一定会在途中的某个地点相遇。这就说明了，这个人在两天的同一时刻都经过了这里。

3. 甲从A地前往B地，乙从B地前往A地，两人同时出发，各自匀速前进，每个人到达目的地后都立即以原速度返回。两人首次在距离A地700米处相遇，后来又在距离B地400米处相遇。求A、B两地间的距离。

答案：1700米。第一次相遇时，甲、乙共同走完一个AB的距离；第二次相遇时，甲、乙共同走完三个AB的距离。可见，从第一次相遇到第二次相遇的过程花了两个从出发到第一次相遇这么多的时间。既然第一次相遇时甲走了700米，说明后来甲又走了1400米，因此甲一共走了2100米。从中减去400米，正好就是A、B之间的距离了。

4. 甲、乙、丙三人百米赛跑，每次都是甲胜乙10米，乙胜丙10米。则甲胜丙多少米？这里，我们假设所有人赛跑时都是做的匀速运动。

答案是19米。"乙胜丙10米"的意思就是，当乙到达终点时，丙只到了90米处。"甲胜乙10米"的意思就是，当甲到达终点时，乙只到了90米处，而此时丙应该还在81米处。所以甲胜了丙19米。

在时钟问题一章，我们会看到一个与此类似的问题。

5. 甲、乙两人百米赛跑，甲胜乙1米。第二次，甲在起跑线处退后1米与乙比赛，那么谁会获胜？这里，我们同样假设两人赛跑时都是做的匀速运动。

答案是，甲还是获胜了。甲跑100米需要的时间等于乙跑99米需要的时间。第二次，甲在-1米处起跑，乙在0米处起跑，两人将在第99米处追平。在剩下的1米里，甲超过了乙并获得胜利。

●●●●●●●●

6. 如果你上山的速度是2米每秒，下山的速度是6米每秒（假设上山和下山走的是同
   一条山路）。那么，你全程的平均速度是多少？

这是小学行程问题中最容易出错的题之一，是小孩子死活也搞不明白的问题。答
案不是4米每秒，而是3米每秒。不妨假设全程是S，那么上山的时间就是$S/2$，下
山的时间就是$S/6$。往返的总路程为$2S$，往返的总时间为$S/2+S/6$，因而全程的平均
速度为$2S÷(S/2+S/6)=3$。

其实，我们很容易看出，如果前一半路程的速度为a，后一半路程的速度为b，那
么总的平均速度应该小于$(a+b)/2$。这是因为，你会把更多的时间花在速度慢的那
一半路程上，从而把平均速度拖慢了。

接下来的两个问题与流水行船有关。假设顺水时实际船速等于静水中的船速加上水
流速度，逆水时实际船速等于静水中的船速减去水流速度。

●●●●●●●●

7. 船在流水中往返A、B两地和在静水中往返A、B两地相比，哪种情况下更快？

这是一个经典问题了。船在流水中往返一次的过程里包含了顺水和逆水两段，其
中顺水路段的速度比静水中的船速快多少，逆水路段的速度就会比静水中的船速
慢多少。因而，很多人或许会认为，在流水和静水两种情况下，轮船往返A、B两
地需要的时间是相同的。然而真正的答案是，船在流水中会更慢一些。注意船在
顺水中的速度与在逆水中的速度的平均值就是它的静水速度，但由前一个问题的
结论，实际的总平均速度会小于这个平均值。因此，船在流水中往返需要的总时
间更久。

考虑一种极端情况可以让问题的答案变得异常显然，颇有一种荒谬的喜剧效果。
假设船刚开始在上游，如果水速等于船速的话，它将以原速度的两倍飞速到达折
返点。但它永远也回不来了……

●●●●●●●●

8. 船在流水中逆水前进，途中一个救生圈不小心掉入水中，一小时后船员才发现并
   调头追赶。那么，追上救生圈所需的时间会大于一个小时，还是小于一个小时，
   还是等于一个小时？

这也是一个经典问题了。答案是等于一个小时。原因很简单：反正船和救生圈都被
加上了一个水流的速度，我们就可以直接抛开流水的影响不看了。换句话说，我们

若以流水为参照物，一切就都如同没有流水了。我们直接可以想像船在静水当中丢掉了一个救生圈并继续前行一个小时，回去捡救生圈当然也还需要一个小时。

每当有人还是没想通时，我很愿意举这么一个例子。假如有一列匀速疾驰的火车，你在火车车厢里，从车头往车尾方向步行。途中你掉了一个钱包，但继续往前走了一分钟后才发现。显然，你回去捡钱包需要的时间也是一分钟。但是，钱包不是正被火车载着自动地往远方走吗？其实，既然你们都在火车上，自然就可以无视火车的速度了。前面的救生圈问题也是一样的道理。

另一个类似的问题是，假如河流的A、B两地各有一条船，AB的中点处有一个木箱。现在，两条船以相同的速度向木箱划去。假设水从A流向B，那么A处的船将额外地获得一个水流的速度，B处的船的实际速度则会被水流削弱；不过B处的船也不亏，因为受流水的作用，箱子还会自动地向B靠拢。那么，究竟谁会先捡到箱子呢？答案仍然是——两条船显然会同时捡到箱子。以流水为参照物，整个问题就等价地变为静水追箱子了。

下面这个问题也和流水行船有关，只不过是把流水和船换成了传送带和人。

• • • • • • • • •

9. 你需要从机场的一号航站楼走到二号航站楼。路途分为两段，一段是平地，一段是自动传送带。假设你的步行速度是一定的，因而在传送带上步行的实际速度就是你在平地上的速度加上传送带的速度。如果在整个过程中，你必须花两秒钟的时间停下来做一件事情（比如蹲下来系鞋带），那么为了更快到达目的地，你应该把这两秒钟的时间花在哪里更好？

这个问题出自华裔数学家陶哲轩的博客。很多人可能会认为，两种方案是一样的吧？然而，真正的答案却是，把这两秒花在传送带上会更快一些。在众多解释方法中，我最喜欢下面这种解释：传送带能给你提供一些额外的速度，因而你会希望在传送带上停留更久的时间，更充分地利用传送带的好处；因此，如果你必须停下来一会儿的话，你应该在传送带上多停一会儿。

• • • • • • • • •

10. 假设你站在A、B两地之间的某个位置，想乘坐出租车到B地去。你看见一辆空车远远地从A地驶来，而此时整条路上并没有别人与你争抢空车。我们假定车的行驶速度和人的步行速度都是固定不变的，并且车速大于人速。为了更快到达目的地，你应该迎着车走过去，还是顺着车的方向往前走一点？

这是我在打车时想到的一个问题。我喜欢在各种人多的场合下提出这个问题，此时大家的观点往往会立即分为鲜明的两派，并且各有各的道理。有的人会说："由于车速大于人速，我应该尽可能早地上车，充分利用汽车的速度优势，因此应该迎着空车走上去，提前与车相遇嘛。"另一派人则会说："为了尽早到达目的地，我应该充分利用时间，马不停蹄地赶往目的地，因此，我应该自己先朝目的地走一段路，再让出租车载我走完剩下的路程。"

其实答案出人意料地简单，两种方案花费的时间显然是一样的。只要站在出租车的角度上想一想，问题就变得很显然了：不管人在哪儿上车，出租车反正都要驶完A地到B地的全部路程，因此你到达B地的时间总等于出租车驶完全程的时间，加上途中接人上车可能耽误的时间。从省事儿的角度来讲，站在原地不动是最好的方案！

我曾经把这个有趣的问题搬上了《新知客》杂志2010年第9期的趣题专栏。不少人都找到了这个题的一个漏洞：在某些极端的情况下，顺着车的方向往前走可能会更好一些，因为你或许会直接走到终点，而此时出租车根本还没追上你！

●●●●●●●●●

11. 某工厂每天早晨都派小车按时接总工程师上班。有一天，总工程师为了早些到工厂，比平日提前1小时出发步行去工厂。走了一段时间后，遇到来接他的小车才上车继续前进。进入工厂大门后，他发现只比平时早到10分钟。总工程师在路上步行了多长时间才遇到来接他的汽车？假设人和汽车都做匀速直线运动。

答案是55分钟。首先，让我们站在车的角度去想（正如前一题那样）。车从工厂出发，到半途中就遇上了总工程师并掉头往回走，结果只比原来早到10分钟。这说明，它比原来少走了10分钟的车程，这也就是从相遇点到总工程师家再到相遇点的路程。这就说明，从相遇点到总工程师家需要5分钟车程。

现在，让我们把视角重新放回总工程师那里。让我们假设总工程师遇上了来接他的车并坐上去之后，并没有下令汽车立即掉头，而是让车像平日那样继续开到他家再返回工厂，那么他到工厂的时间应该和原来一样。这说明，他提前出发的那一个小时完全浪费了。这一个小时浪费在哪儿了呢？浪费在了他步行到相遇点的过程，以及乘车又回到家的过程。既然乘车又回到家需要5分钟，因此步行的时间就是55分钟了。

最后三个问题跟传统意义上的"行程问题"关系已经不大了，不过我也把它们放进这一章讨论。

●●●●●●●●●

12. 一根棍子的左端有6只间隔相等的蚂蚁，它们正以一个相同的速度向右爬行；棍子的右端也有6只蚂蚁，它们也在以同样的速度向左爬行。如果两只蚂蚁相向而行撞在了一起，它们会同时掉头往回爬行。如果某只蚂蚁爬出了棍子的端点，它会从棍子上掉下去。请问，到所有的蚂蚁都掉下棍子的时候，蚂蚁与蚂蚁之间一共发生了多少次碰撞？

不用数了，这是一道异常简单的问题。答案是36次。我们不妨把两只蚂蚁相撞后双双调头往回走看作是它们互相穿过了对方的身体继续向前爬行，此时答案就很显然了。

●●●●●●●●●

13. 假设晚上你一个人在路灯下走路，当你远离路灯而去的时候，你的影子的长度会不断增加。我们的问题是：如果你匀速地远离路灯，那么你的影子长度是会加速地增加，匀速地增加，还是减速地增加？

绝大多数人根据生活经验选择了加速增加，但实际上答案应该是匀速增加。下图是一个具体的例子，其中人的高度是路灯高度的2/3。你会发现，你每向右移动1个单位的距离，你的影子就会增加2个单位的长度，这表明当你匀速地远离路灯时，你的影子长度也是匀速增加的。利用一些相似三角形的知识，我们能够算出，如果你的身高是h，路灯的高度是L，你和路灯之间的距离是x，那么影子的长度就是$(h/(L-h))\cdot x$。也就是说，影子的长度是一个关于x的一次函数。若x的值匀速增加的话，影子的长度也会匀速增加。

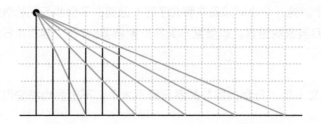

●●●●●●●●

14. 甲、乙两个机器人在一条无限长的跑道上赛跑，目前甲暂时领先。如果甲保持自己的速度不变，乙不断地增加自己的速度，最终乙一定会超过甲吗？

不一定。虽然乙在不断地加速，但加速这件事本身也是有一个速度的，因而完全有可能出现这样的情况：乙加速的速度越来越慢，最后永远也超不过甲的速度。举个例子吧，如果甲保持每秒1米的速度不变，乙的速度则每秒都在增加，这一秒的速度是每秒0.9米，再下一秒的速度变成了每秒0.99米，再下一秒的速度变成了每秒0.999米，再下一秒的速度变成了每秒0.9999米……你会发现，不管经过多少时间，乙的速度永远也没法超过甲的速度，虽然它一直都在加速。既然乙的速度一直比甲慢，乙刚开始的时候又在甲的后面，因此乙就永远不会赶上甲了。

4 时钟问题

滴答！滴答！钟摆在物理定律的作用下周期性地左右摆动，擒纵器巧妙地让能量以一种间隔的方式逐渐释放，两者浑然一体地结合起来，将一个极其抽象的概念干净利落地表达出来，机械的美妙与力量在这里展现得淋漓尽致。怪不得有人会说，工业时代最关键的机器不是蒸汽机，而是钟表……不知道是什么时候，我突然对时钟如此着迷。每次听到秒针的滴答声时，我都会没完没了地东想西想——想想时钟的工作原理，想想时间对于人类的意义，想想时空的终极规律……当然，也会想一些纯属无聊的数学问题。

●●●●●●●●●

1. 这恐怕是所有与时钟相关的问题中最经典的问题了：从0:00到12:00这12个小时中（包括0:00和12:00），钟表上的时针和分针一共会重合多少次？

答案：12次。不妨把时针和分针想象成环形跑道上的两名运动员，其中后者的速度是前者的12倍。刚开始的时候，两针位于同一起跑线上，位置是重合的。在接下来的12个小时里，时针整整跑了1圈，分针则整整跑了12圈，因此分针将会有11次从后面追上时针（最后一次两针同时到达终点）。这意味着时针和分针一共重合了12次。

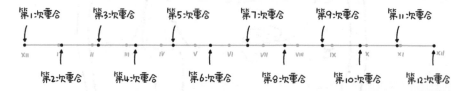

我们甚至能算出每次时针和分针重合的具体时刻。由于时针和分针都是匀速运动的，因此它们相遇的时刻也会均匀地分布在这12个小时里。第一次重合是0:00，接下来每过一段固定的时间，分针就会追上一次时针，直到12:00的时候分针第11次追上时针。这说明，每次分针追上时针需要12/11小时，这大约是65分27.3秒。换句话说，从0:00开始，每过65分27.3秒两针就会重合一次。以前看见过一个有趣的问题：生活中有一件平凡而又不平凡的事情，每过65分27.3秒会发生一次，这件事情是什么？答案就是，时钟的时针和分针重合一次。

很容易想到，不但各次相遇的时间是均匀分布的，而且各次相遇的地点也是均匀分布的。虽然看上去一共发生了12次重合，但是本质上只有11个不同的重合位置（0:00和12:00属于相同的重合位置），这11个位置均匀地分布在整个表盘上。国外问答网站Quora上有人曾经提问：怎样才能最简单地把一张比萨饼分成11等份？Predrag Minic给出了一个神一般的回答，得票数高居榜首，是第二名的7倍多。他的回答是：把一块手表放在比萨的正中心，然后拨动它的指针，每次指针重合的时候，就在指针指示的方向上切一刀。这样，你就把比萨均匀地切成了11块。

下面这个问题更有趣一些。在分析的过程中，我们会反复用到刚才的思想和结论。

● ● ● ● ● ● ● ● ● ●

2. 由于时针和分针的很多位置组合是不合法的，所以即使时钟的两针一样长，大多数时候也能读出正确的时间来。例如，两针一个指向12一个指向6，那么前者只能是分针，后者只能是时针。但是，时针和分针的某些位置组合会让我们理论上不可能读出一个正确的时间，因为时针和分针的位置互换后，所指的时间仍然有意义。我们就说，这时的指针位置有歧义。我们的问题是，从0:00到12:00这12个小时中，指针位置会产生歧义的时刻有多少个？

答案：132个。得出这个答案有很多方法，下面这个方法我觉得最为精巧。

假设有A、B两个钟叠放在一起，A以正常的速度运转，B以12倍的速度运转。因此，B的时针将永远与A的分针重合。每当B的分针与A的时针重合时，A此时所指的时刻就是有歧义的。而B的分针比A的时针快144倍，因此A的时针转了一圈后，B的分针转了144圈，这说明从0:00到12:00这段时间里（包括0:00和12:00这两个时刻），B的分针与A的时针一共重合了144次，因而也就发生了144次歧义。

但是，为什么答案是132呢？这是因为，在这144次歧义当中，有12次是同一个钟的时针和分针本身就重合，这实际上不会导致歧义，因此真正会导致歧义的有144-12=132个时刻。

下面这个问题同样与时针分针位置组合的合法性有关。

● ● ● ● ● ● ● ● ● ●

3. 假如现在是3点整。如果只看钟面在水中的倒影，时针指向3，分针指向6，两针的位置组合是不合法的，我们没法读出一个正确的时间来。但若从镜子里看钟面，时针指向9，分针依然指向12，钟面所指的正好是另一个可读的时间——9:00。

对于所有的时间，钟面在镜子里的像都是可读的吗？

答案：是的。假设有A、B两个一模一样的时针，一个放在左边，一个放在右边。让它们的指针都指向12:00，然后顺时针拨动A的指针，同时以相同的速度逆时针拨动B的指针。显然，A、B的钟面始终是左右对称的。不管A的钟面上显示的是什么时刻，与它左右对称的B都指示着另一个正确的时间。

顺便补充一些别的东西吧。有一个与时钟指针相关的经典问题：假设时针、分针、秒针都是连续旋转的，那么是否存在某一时刻，使得三根针正好精确地把整个钟面分成三等份，即每两根针之间的夹角都是120°？通过一些复杂的数学运算，我们可以证明，这种情况是不可能出现的。接下来的问题就是，那么什么时候三根针能最为近似地把整个钟面三等分呢？这里，我们把"最接近三等分"定义为这三根针两两之间产生的三个夹角中最大的那个夹角最小。

可以证明，当时钟走到大约02:54:34.56的时候，钟面会最接近三等分的状态。不过，从0:00到12:00的过程中，钟面最接近三等分的情况其实会发生两次，02:54:34.56只是其中一次。还有一次会出现在什么时候呢？

其实就是把02:54:34.56时的表盘左右翻转一下——大约是09:05:25.44的时候。

●●●●●●●●●

4. 星期六早上8:00至9:00之间的某个时刻，我从家出发到公司去加班，此时我发现手表上的时针和分针正好重合。下午2:00至3:00之间的某个时刻，我才回到家，此时我发现手表上的时针和分针正好指向完全相反的方向。那么我从出发到回家一共用了多少时间？

答案：6个小时整。此时，时针落在了和原来相反的方向，分针转了6个整圈后回到原位，因此6个小时显然符合题目的要求。

● ● ● ● ● ● ● ●

5. A的手表比B的手表每小时慢1分钟。也就是说，B的手表每走一个小时，A的手表就只能走59分钟。有一天，A把B的手表与标准时间相比，结果发现B的手表正好又比标准时间每小时快1分钟。那么，A的手表和标准时间相比，是快了还是慢了？如果快了，快了多少？如果慢了，慢了多少？

答案：A的手表比标准时间慢了，每小时慢1秒钟。B的手表走一个小时，A的手表只能走59分钟，这说明A、B两块手表的走速之比是60：59。因此，如果B的手表再多走一分钟，那么A的手表只会多走59秒。现在，让我们假设标准时间走了60分钟，那么B的手表就会走61分钟，此时A的手表就会走59分又59秒，可见它与标准时间相比慢了1秒。

这个问题与行程问题当中的第4题如出一辙，它们的解决办法是一样的。

● ● ● ● ● ● ● ●

6. 有两块手表，一块从来不准，一块每天准两次。哪块手表更好一些？

第一块表更好一些，因为"从来不准"意味着这块表的走速与标准时间相同，"每天准两次"则通常意味着这块表根本不走。

如果一块表永远不准，就说明这块表比标准时间恒快某个时间，或者恒慢某个时间，也就是说这块表的走速和标准时间是一样的。从这个意义上讲，这块表反而是非常准的。只要这块表的走速和标准时间不同，这块表最终总会赶上标准时间，或者被标准时间赶上，从而准上那么一次。什么时候这块表每天都会准两次呢？最常见的情况便是——这块表停了。

2011年，IBM为了推广他们研发的智能机器人Watson，曾经让Watson参加美国的智力问答节目 *Jeopardy!*，与两位人类选手同台竞技。Watson的数据库里存放了大量的知识，可谓是上知天文，下知地理，无所不知，无所不晓。然而，很容易想到，Watson也是有"死穴"的，就是那些与生活常识相关的"脑筋急转弯"题目，这对于一台机器来说是非常困难的。当时，节目里出了不少这类题目，其中就有这么一道题：什么东西挂在墙上，即使坏了每天也有两次对的时候？恐怖的是，Watson竟然把这道题答对了：时钟。

● ● ● ● ● ● ● ●

7. 有一座钟，每到整点时都会敲钟报时。如果这座钟敲6下一共用了30秒，那么敲12下一共要用多少秒？

这是一个经典的问题，它的标准答案不是60秒，而是66秒。你能想明白这是为什么吗？这是因为，敲钟的时间主要浪费在了钟声和钟声之间的间隙当中。时钟敲6下的过程大致是：

当！————当！————当！————当！————当！————当！

这里面一共有5个间隙，它们才是这30秒的主要组成部分。由此可知，每个间隙有6秒的时间。时钟敲12下的过程中有11个间隙，因而一共会花费66秒。

类似的问题还有很多。比方说，把一根木头锯成6段需要用30分钟，那么把同一根木头锯成12段需要多少分钟？答案也是66分钟，因为锯成6段说明锯了5下，锯成12段说明锯了11下。再比如，从1楼跑到6楼需要30秒，那么从1楼跑到12楼需要多少秒？答案也是66秒。因为从1楼爬到6楼实际上爬了5层，从1楼爬到12楼实际上爬了11层。类似地，如果我跑到了4楼时你才跑到3楼，那么我跑到16楼时你并不在12楼，而应该在11楼。

这些涉及到"点"和"区间"的问题统统属于小学奥数当中的一个必学章节——植树问题。植树问题大概说的是，一条路长100米，每隔2米种一棵树，问一共种了多少棵树？初学应用题的孩子们会意识到这里应该用除法，于是写下100÷2=50，然而正确的答案却是51，因为这条路的两头都会有一棵树。没有经验的老师会让孩子们死记硬背，"遇到植树问题的时候就要在最终答案上加1"，结果栽了不少跟头。我们可以轻易编出一些问题，让这种死方法完全失效。比如说，在一条100米长的环形跑道上种树，每隔2米种一棵树，问一共种了多少棵树？这次就不加1了，答案又变回50了。要想真正理解"点"和"区间"之间的关系，应对各种灵活的变形，这对于小孩儿来说还真不容易。

自然，敲钟问题也有很多陷害人的变形。如果你是万恶的出题老师，你打算怎么出题？我就曾经从一位小学奥数老师那里听到这样一个题目：如果一座钟敲6下要用30秒，那么某次整点敲钟时，为了确定现在是8点钟，你一共要等几秒？刚才已经说过，敲6下要30秒就说明每个间隙是6秒。8点钟的时候时钟虽然要敲8下，但里面只会产生7个间隙。那么，为了确定现在是8点钟，你是否就应该等6×7=42秒呢？不对，这次答案又变成6×8=48秒了——因为，为了确定现在是8点钟，你还需要再额外地等一个6秒，看看还有没有第9声钟响。

●●●●●●●●●

8. 有一位隐居在深山老林的哲学家。一天，他忘记给家里唯一的时钟上发条了。由于他家里没有电话、电视、网络、收音机等任何能获知时间的设备，因此他彻底不知道现在的时间是多少了。于是，他徒步来到了他朋友家里坐了一会儿，然后又徒步回到自己家中。此时，他便知道了应该怎样重新设定自己的时钟。他是怎么做的？

很多人的第一想法或许是观察日出日落。在此，我们也假设通过太阳位置判断时间是不可靠的。

别忘了，他家里的时钟并不是不走了，只是不准了而已。因此，他可以借助自己家里的时钟，判断他此次出行一共花了多久。假设往返所花时间一样，再结合在朋友那儿看到的正确时间，他便能算出应该怎样调整自己的时钟了。

5 数字问题

上帝创造了自然数，其余的一切都是人类的工作。

——利奥波德·克罗内克（Leopold Kronecker）

下面这个问题是我最喜欢的数字谜题之一。

●●●●●●●●●
1. 把所有美国人的头发根数全部加起来，记作A；把所有中国人的头发根数全部乘起来，记作B。A和B哪个大？

答案：A大。没有反应过来的朋友请自行拿脑袋撞墙三分钟。

在朋友聚会上，我喜欢讲一些古怪而有趣的数学题，这个问题是我最爱讲的题目之一。这总能引起大家的捧腹大笑。

在下面的题目中，你需要找出满足各种奇异要求的数字组合，即使直觉告诉你，满足要求的解并不存在。

●●●●●●●●●
2. A、B、C、D四个同学正在比较他们的期末考试成绩。期末考试有语数外三科，A发现他的语文排第二，数学排第三，外语排第四，然而总分却排第一（所有排名均无并列的情况）。这有可能吗？

答案：有可能。比如说，A的语数外三科成绩分别为80, 80, 80，B的语数外三科成绩分别为81, 1, 81，C的语数外三科成绩分别为1, 81, 82，D的语数外三科成绩分别为2, 82, 83。4人的总分分别为240, 163, 164, 167，A的总分遥遥领先。

构造这种例子的诀窍就是，把"这科成绩比A更高"的机会尽可能均匀地分给另外三个人，从而避免同一个人的三科成绩都比A高的情况。A的语文排名第二，就意味着有一个人的语文成绩比他高，不妨假设这个人是B；A的数学排名第三，就意味着有两个人的数学成绩比他高，不妨假设这两个人是C和D；A的外语排名第四，就意味着其他三个人的外语成绩都比他高。这样一来，不管是B，还是C，还是D，都只有两科打败了A，只要让这个人的第三科成绩极低，那么他的总分就被拖下去了。

●●●●●●●●●
3. 年终总结大会上，领导A发言说："本年度公司的销售业绩取得了可喜的成绩。我做了一些简单的计算，从第二季度开始，每个季度的销量总和都高于上一个季度。"领导B发言时却说:"今年公司的销售业绩不容乐观。我把每四个月作为一个阶段,将全年划分为了三个阶段,结果发现从第二个阶段开始,每个阶段的销量总和都低于上一阶段。"他们所说的话有可能同时成立吗?

令人吃惊的是,这是有可能的!假如12个月的销量分别是3, 3, 3, 6, 2, 2, 9, 1, 1, 12, 0, 0,那么每个季度的销量总和分别为9, 10, 11, 12,但每四个月的销量总和则是15, 14, 13。

这样的例子也很容易构造出来。首先,找出四个递增的数以及三个递减的数,使得这两组数的总和相同。刚才我们所选的就是{9, 10, 11, 12}以及{15, 14, 13}这么两组数。接下来,请看下面这个方程组:

$a_1+a_2+a_3=9$

$a_4+a_5+a_6=10$

$a_7+a_8+a_9=11$

$a_{10}+a_{11}+a_{12}=12$

$a_1+a_2+a_3+a_4=15$

$a_5+a_6+a_7+a_8=14$

(于是$a_9+a_{10}+a_{11}+a_{12}=13$自然就成立了)

这个方程组里面包含6个方程,但一共有12个未知数,因而我们可以找到无穷多组解,每一组解都对应于原问题的一个答案。即使解出来的结果里面存在负数也没关系,给所有数都加上同一个很大的正数即可,这仍然可以保证$a_1+a_2+a_3$, $a_4+a_5+a_6$, $a_7+a_8+a_9$, $a_{10}+a_{11}+a_{12}$是递增的,并且$a_1+a_2+a_3+a_4$, $a_5+a_6+a_7+a_8$, $a_9+a_{10}+a_{11}+a_{12}$是递减的。

●●●●●●●●●

4. 假如有三个正整数1、2、4。从中选出两个数相加(可以选择相同的数),一共会产生6种不同的结果:2, 3, 4, 5, 6, 8;从中选出两个数相减(可以选择相同的数),一共会产生7种不同的结果:−3, −2, −1, 0, 1, 2, 3。你会发现,后者的数量比前者的数量更多。能否找到一些互不相同的正整数,使得它们之间能产生的差反而比能产生的和更少?

差的个数等于和的个数,这样的例子很容易找,1, 2, 3就是一例:它们之间能产生的和只有2, 3, 4, 5, 6,能产生的差只有-2, -1, 0, 1, 2。

差的个数有可能小于和的个数吗?这是有可能的。一个经典的例子是1, 3, 4, 5, 8, 12, 13, 15。这8个数能产生26种和,分别为:

2, 4, 5, 6, 7, 8, 9, 10, 11, 12, 13, 14, 15, 16, 17, 18, 19, 20, 21, 23, 24, 25, 26, 27, 28, 30

但它们之间只能产生25种差值，分别为：

-14, -12, -11, -10, -9, -8, -7, -5, -4, -3, -2, -1, 0, 1, 2, 3, 4, 5, 7, 8, 9, 10, 11, 12, 14

●●●●●●●●●

5. 数字序列3, 2, 1, 1, 0, 0, 0非常有意思：整个序列里面正好有3个0、2个1、1个2、1个3、0个4、0个5和0个6。类似的例子还有吗？让我们来探究一下。

    (1) 能否写出4个非负整数，使得第1个数正好表示你一共会写多少个0，第2个数正好表示你一共会写多少个1，第3个数正好表示你一共会写多少个2，第4个数正好表示你一共会写多少个3？

    (2) 能否写出5个非负整数，使得第1个数正好表示你一共会写多少个0，第2个数正好表示你一共会写多少个1，第3个数正好表示你一共会写多少个2，……，第5个数正好表示你一共会写多少个4？

    (3) 能否写出100个非负整数，使得第1个数正好表示你一共会写多少个0，第2个数正好表示你一共会写多少个1，第3个数正好表示你一共会写多少个2，……，第100个数正好表示你一共会写多少个99？

更一般地，能否写出n个非负整数，使得其中第k个数正好等于这里面k-1一共出现的次数？

很快你便会发现这个问题的棘手之处：这些数字相互关联，相互制约，可谓是牵一发而动全身。如果n不算太大，问题倒并不复杂，简单的试验和分析即可得出结论。当n等于1、2、3时，问题都是无解的。$n=4$有两个解：

    1, 2, 1, 0
    2, 0, 2, 0

$n=5$时有一个解：

    2, 1, 2, 0, 0

$n=6$时无解。

要想解决$n=100$时的情况，盲目尝试显然是不行的。好在，对$n≥7$的情况稍作考察，你会找到一类非常具有规律的解：

    $n=7$ 3, 2, 1, 1, 0, 0, 0
    $n=8$ 4, 2, 1, 0, 1, 0, 0, 0

$n=9$ 5, 2, 1, 0, 0, 1, 0, 0, 0

$n=10$ 6, 2, 1, 0, 0, 0, 1, 0, 0, 0

所以，当$n=100$时，下面这100个数就满足要求。

96, 2, 1, 0, 0, 0, ···, 0, 1, 0, 0, 0

我很喜欢这种精妙的感觉——各个部分都有机地吻合在一起，不能容忍任何一点细微的改动，仿佛沙漠当中的一块手表，往往能给人带来巨大的惊喜和震撼。有一种英文文字游戏叫做autogram，就是精心构造一个英文句子，使得它正好符合它本身所述的内容，比如下面这个句子。

This autogram contains five a's, one b, two c's, two d's, thirty-one e's, five f's, five g's, eight h's, twelve i's, one j, one k, two l's, two m's, eighteen n's, sixteen o's, one p, one q, six r's, twenty-seven s's, twenty-one t's, three u's, seven v's, eight w's, three x's, four y's, and one z.

显然，构造这样的句子非常困难。这好比是在针尖上搭建积木楼房一般，我们需要小心翼翼地调整积木的位置，寻找一个精确的平衡点。1982年，《科学美国人》（*Scientific American*）刊登了一个autogram杰作：

Only the fool would take trouble to verify that his sentence was composed of ten a's, three b's, four c's, four d's, forty-six e's, sixteen f's, four g's, thirteen h's, fifteen i's, two k's, nine l's, four m's, twenty-five n's, twenty-four o's, five p's, sixteen r's, forty-one s's, thirty-seven t's, ten u's, eight v's, eight w's, four x's, eleven y's, twenty-seven commas, twenty-three apostrophes, seven hyphens and, last but not least, a single !

我也尝试构造了一个汉语的autogram（这确实很不容易）：

这句话里有五个"一"、十个"两"、两个"三"、一个"四"、两个"五"、一个"六"、一个"七"、两个"八"、一个"九"、三个"十"、两个"这"、两个"句"、两个"话"、两个"里"、两个"有"、两个"和"和十八个"个"。

●●●●●●●●

6. 大家或许小时候就发现了一个有趣的现象：2+2正好等于2×2。那么，是否有这么3个正整数，把它们全部加起来的结果正好等于把它们全部乘起来的结果呢？其实也是有的，比如说1+2+3=1×2×3。今天，我们将会直面这个问题。

(1) 是否存在4个正整数，使得它们的和等于它们的乘积？

(2) 是否存在5个正整数，使得它们的和等于它们的乘积？

(3) 是否存在100个正整数，使得它们的和等于它们的乘积？

4个正整数的解也是存在的，比如说1+1+2+4=1×1×2×4。5个正整数的解也是存在的，比如说1+1+1+2+5=1×1×1×2×5。如果你仔细观察这些解，找到规律的话，写出这样的100个数也就不难了：

$$1+1+1+1+\cdots+1+1+2+100=1×1×1×1×\cdots×1×1×2×100$$

因此，我们事实上证明了这样一个结论：对于任意正整数n，我们总能找到n个正整数，使得它们的和等于它们的积。不过，对于某些特定的n，满足要求的解有可能不止一个。$n=5$时一共有3组解，除了1+1+1+2+5=1×1×1×2×5这种"规律解"以外，还有另外两组解：

$$1+1+1+3+3=1×1×1×3×3$$
$$1+1+2+2+2=1×1×2×2×2$$

当$n=13$时，将会首次出现有4组解的情况：

$$1+1+1+1+1+1+1+1+1+1+2+13=1×1×1×1×1×1×1×1×1×1×2×13$$
$$1+1+1+1+1+1+1+1+1+3+7=1×1×1×1×1×1×1×1×1×3×7$$
$$1+1+1+1+1+1+1+1+1+4+5=1×1×1×1×1×1×1×1×1×4×5$$
$$1+1+1+1+1+1+1+1+2+3+3=1×1×1×1×1×1×1×1×2×3×3$$

由此产生了一个有趣的附加题：到了n足够大的时候，会不会出现有5组解、6组解甚至100组解的情况？答案是肯定的。首先注意到，$(2^a+1)(2^b+1)=2^{a+b}+2^a+2^b+1$，它应该等于$2^{a+b}-1$个1、一个$2^a+1$和一个$2^b+1$相加的结果。因此，当$n=2^{200}+1$时，至少会有这么100组解：前面$2^{200}-1$个数都是1，最后两个数是2+1和$2^{199}+1$，或者$2^2+1$和$2^{198}+1$，或者$2^3+1$和$2^{197}+1$，一直到$2^{100}+1$和$2^{100}+1$。利用这种思路，我们总能找到适当的$n$，使得满足要求的解的个数达到任意你想要的数目。

另一方面，不管n是多少，解的个数都是有限的。我们可以用一种非常简单的方法证明这一点。假如这n个数当中最大的那个数是x，那么这n个数的总和肯定不会超过nx，因此这n个数的乘积也不可能超过nx，这说明前$n-1$个数的乘积不会超过n，进而说明每一个数都不能超过n。所以，这$n-1$个数的取值组合只有有限多种情况。由于每一种情况最多只能对应一个解，因而总的解数就是有限的了。等等，为什么每一种情况最多只能对应一个解呢？这是因为，假设前$n-1$个数的值已经确定了，不妨设它们的和为S，积为P，那么剩下的那个数x就应该满足方程$S+x=Px$，于是x只能等于$S/(P-1)$。这是否对应了一个满足要求的解，则取决于$S/(P-1)$的值是不是正整数。

让我们用$f(n)$来表示n个正整数之和等于它们的乘积有多少种不同的情况。我们已经证明了，$f(n)$的值可以达到任意大，但却始终是有限的。但是，我们却很难刻画出关于数列$f(n)$的具体特征。2002年，经过一番计算机搜索后，Michael Ecker作出了这么一个猜测：只有有限多个n满足$f(n)=1$，它们分别是2, 3, 4, 6, 24, 114, 174, 444。这个猜想是否正确，至今仍然未知。

● ● ● ● ● ● ● ●

7. 还记得小时候有一道经典的奥数题，大概是让你把两个数字1、两个数字2和两个数字3排成一行，使得其中两个数字1之间正好夹着1个数字，两个数字2之间正好夹着2个数字，两个数字3之间正好夹着3个数字。稍作尝试便可得出正确答案：2, 3, 1, 2, 1, 3。如果把逆序后的数列视作本质相同的数列，那么上面这个答案是唯一的。和刚才一样，请考虑下面几个问题：

    (1) 是否能把1, 1, 2, 2, 3, 3, 4, 4排成一行，使得它们满足类似的要求？
    (2) 是否能把1, 1, 2, 2, 3, 3, 4, 4, 5, 5排成一行，使得它们满足类似的要求？
    (3) 是否能把1, 1, 2, 2, 3, 3, 4, 4, 5, 5, …, 100, 100排成一行，使得它们满足类似的要求？

更一般地，如何把1, 1, 2, 2, …, n, n排成一行，使得两个1之间夹着1个数，两个2之间夹着2个数，一直到两个n之间夹着n个数？这个问题是由C. Dudley Langford在1958年提出的，因此我们把满足要求的数列叫做Langford数列。

稍作尝试你就能找到$n=4$时的Langford数列：4, 1, 3, 1, 2, 4, 3, 2。和$n=3$时的情况一样，这也是唯一的解（如果把它反过来写算作同一个解的话）。这或许会激励你进一步尝试$n=5$时的情况，然而出人意料的是，不管怎么尝试，你都没法找到哪怕一个满足要求的解。其实，$n=5$时的Langford数列是不存在的。

计算机科学大师、算法分析之父高德纳（Donald Knuth）的《计算机程序设计艺术》（The Art of Computer Programming）第4卷开篇就提到了Langford数列问题，那里就有一段$n=5$时不存在Langford数列的证明。为了把1, 1, 2, 2, 3, 3, 4, 4, 5, 5按照要求放进 _ _ _ _ _ _ _ _ _ _ 这10个格子里，我们需要让两个数字1要么都在奇数编号的格子里，要么都在偶数编号的格子里。类似地，两个数字3的位置编号也具有相同的奇偶性，两个数字5的位置编号也具有相同的奇偶性，而两个数字2的位置编号则会一奇一偶，两个数字4的位置编号也会一奇一偶。然而，我们一共有5个奇数编号的格子和5个偶数编号的格子，你会发现它们无论如何也不可能既无重复又无遗漏地被填满。

事实上，在$2n$个格子中，奇数编号的格子和偶数编号的格子总是各占一半，因此我们总是要求$1, 1, 2, 2, \cdots, n, n$占据相同数目的奇数编号格子和偶数编号格子。其中，每一对偶数都会非常听话地占据奇偶格子各一个，因而填满格子的艰巨任务就落在了奇数身上。由于每一对奇数只占据其中一种格子，因此我们必须要有偶数对奇数才行。这意味着，在$1, 2, \cdots, n$当中必须有偶数个奇数才行。由此可知，只有$n=3, 4, 7, 8, 11, 12, \cdots$时，即形如$4m$或$4m-1$时，Langford数列才有可能存在。

注意到，$n=100$正好符合这一点。那么，$n=100$时的Langford数列究竟是否存在呢？1959年，Roy Davies给出了一个肯定的回答。事实上，他给出了一种$n=4m$或者$n=4m-1$时的"万能解"，从而证明了这样的n都是有解的。那就先让我们以$n=100$为例，来看一下$n=4m$时Langford数列的构造方法吧。我把整个构造过程分成6步，如下图所示，其中_____(x)_____表示连续x个还没有填数进去的空格，省略号表示连续奇数或者连续偶数。

```
 (1) 96, _____(96)_____, 96, 100, _____(100)_____, 100
→(2) 96, _____(96)_____, 96, 100, ____(49)____, 49, ____(49)____, 49, 100
→(3) 96, …, 50, _____(96)_____, 50, …, 96, 100, 97, …, 51, ___(25)___, 49, ___(25)___, 51, …, 97, 49, 100
→(4) 96, …, 50, 98, _____(49)_____, 50, …, 96, 100, 97, …, 51, 98, __(24)__, 49, ___(25)___, 51, …, 97, 49, 100
→(5) 96, …, 50, 98, 47, _1, _, 1, …, 17, 50, …, 96, 100, 97, …, 51, 98, 48, …, 2, 49, __, 2, …, 48, 51, …, 97, 49, 100
→(6) 96, …, 50, 98, 47, …, 1, 99, 1, …, 47, 50, …, 96, 100, 97, …, 51, 98, 48, …, 2, 49, 99, 2, …, 48, 51, …, 97, 49, 100
```

每一步我们都会把还没有用过的数成对地填进剩余的空格里。各个步骤的文字说明如下：

    (1) 填入两个$4m-4$和两个$4m$；

    (2) 填入两个$2m-1$；

    (3) 用连续奇数和连续偶数填充部分空白；

    (4) 填入两个$4m-2$；

    (5) 再次用连续奇数和连续偶数填充部分空白；

    (6) 在最后剩下的两个空格中填入两个$4m-1$。

当$n=4m-1$时，只需要在$n=4m$时的构造上做一点修改即可：把最后两项（分别是$4m$和$2m-1$）去掉，然后把中间的那项$4m$改成$2m-1$。

和前一个问题一样，这种构造解并不是唯一解。当$n=12$时，一共有108 144个解，上述构造解只是其中之一。

●●●●●●●●

8. 1、7、13、19这4个数有一个非常特别的性质：从中任意选择2个数或者3个数，或者干脆全选，所选的数的平均数仍然是整数。是否存在100个两两不同的正整数，使得从中任意选择2到100个数，它们的平均数都是整数？

答案是肯定的。把$1×2×3×\cdots×99×100$的结果记作N，于是$N, 2×N, 3×N, \cdots, 99×N, 100×N$就是满足要求的100个数。任选一些数相加，结果仍然是N的倍数，它除以2和100之间的任何一个数都能除尽。

●●●●●●●●

9. 是否存在A、B两组数，使得把B组里的某个数拿出来放进A组后，两组数的平均数都增加了？

这是有可能的。比如说，A组数据里包含1、2、3、6四个数，它们的平均值是3；B组数据里包含1、4、6、8四个数，它们的平均值是4.75。把B组数据里的数字4挪到A组去，A组数据的平均数将会增加到3.2，B组数据的平均数也会变成5。于是，不可思议的事情发生了：两组数据的平均数都增加了！

究其原因，其实是因为，B组数据里拿出来的那个数正好是低于B组平均水平的，把它去掉后能让B组平均数提高；而这个数正好是高于A组平均水平的，因此把它放进A组里也能增加A组的平均数。下面这个极端的例子更能说明问题：A组数据只有1、2两个数，B组数据里有300、10 000、20 000三个数。此时，两组数据的平均数各是0.5和10 100。把B组数据中的300去掉，放进A组里。于是，B组数据少了一个拖后腿的，平均数飙升到15 000；而这个原本拖了B组后腿的数，竟然比A组数据里的所有数都大得多，它的加入使得A组数据的平均数提高到了101。结果，两组数据的平均数都增加了。

这种现象有一个名字，叫做威尔·罗杰斯现象（Will Rogers phenomenon）。有趣的是，威尔·罗杰斯并不是数学家，而是一个20世纪30年代在美国家喻户晓的喜剧演员。美国经济大萧条时期，出生于俄克拉何马州的威尔·罗杰斯曾说过一个经典的笑话："当农民工从俄克拉何马移民到加利福尼亚时，两个州的平均智商水平都提高了。"人们听后深感此话之妙，便一传十十传百传得人尽皆知，这种奇妙的统计学现象也因此冠上了一个喜剧演员的名字。

在生活中，威尔·罗杰斯现象随处可见。把不适合放在百科全书里的小词条移进字典里，可能会使两本书的平均词条长度都有所增加。把初三课本中较为简单的知识放到初二课程里提前学习，有可能会让这两学年的整体难度都增大。即使在开不得半点玩笑的医学领域，也有威尔·罗杰斯现象来捣乱。现代医学已经能够帮助人们提前发现癌症了。如果有人被确诊出癌症，我们便把他从健康人队伍里移到癌症患者中。由于健康人群中少了一名病患者，他们的平均寿命会有所增加；同时，由于这名病人刚被确诊，并没有到癌症晚期，因此他又要比早已患有癌症的病人更健康一些，这样一来癌症患者的平均寿命也会增加。于是，两组人的平均寿命都增加了。不过，平均寿命增加并不意味着医疗技术的提高——我们仅仅是及时诊断出疾病，把病人揪出来了而已。同样的道理，如果你在医院工作，当你发现医院的普通病房和重症病房的治愈率都有上升时，不要高兴得太早，这很可能是威尔·罗杰斯现象在作怪——真正发生的或许只不过是几个普通病人病情加重，转移到了重症病房而已。

•••••••••

10. 记得我中学的时候学过，衡量一组数据的统计指标主要有平均数、中位数、众数、方差、标准差、极差这6种。我当时曾经想过这样一个问题：这6种统计指标一定能完整地刻画整个数据吗？换句话说，是否存在两组数据，它们的数字个数一样多，并且平均数、中位数、众数、方差、标准差、极差全都相同，但数据本身却并不相同？

的确有这样的例子。比方说，数据A是：

(A) 7, 10, 10, 11, 12

把这组数据以10为中心左右颠倒一下，于是得到数据B：

(B) 8, 9, 10, 10, 13

这两组数据的算术平均值都是10，众数和中位数也都是10。两组数据的极差都是5，两组数据的方差都是14/5（标准差自然也就相同了）。但是，它们是两组截然不同的数据。这个例子很好地说明了，在分析数据差异时，绘制图表以及动用其他统计指标都是非常重要的。

这样的例子其实还有很多。1973年，统计学家F. J. Anscombe构造出了四组奇特的数据。它告诉人们，在分析数据之前，描绘数据所对应的图像有多么地重要。我们用字母A、B、C、D来表示这四组数据，每组数据都包含11个点，其横纵坐标如下所示：

(A.x) 10.00, 8.00, 13.00, 9.00, 11.00, 14.00, 6.00, 4.00, 12.00, 7.00, 5.00

(A.y) 8.04, 6.95, 7.58, 8.81, 8.33, 9.96, 7.24, 4.26, 10.80, 4.82, 5.68

(B.x) 10.00, 8.00, 13.00, 9.00, 11.00, 14.00, 6.00, 4.00, 12.00, 7.00, 5.00

(B.y) 9.14, 8.14, 8.74, 8.77, 9.26, 8.10, 6.13, 3.10, 9.13, 7.26, 4.74

(C.x) 10.00, 8.00, 13.00, 9.00, 11.00, 14.00, 6.00, 4.00, 12.00, 7.00, 5.00

(C.y) 7.46, 6.77, 12.70, 7.11, 7.81, 8.84, 6.08, 5.39, 8.15, 6.42, 5.73

(D.x) 8.00, 8.00, 8.00, 8.00, 8.00, 8.00, 8.00, 19.00, 8.00, 8.00, 8.00

(D.y) 6.58, 5.76, 7.71, 8.84, 8.47, 7.04, 5.25, 12.50, 5.56, 7.91, 6.89

这四组数据中，x值的平均数都是9.0，y值的平均数都是7.5；x值的方差都
是10.0，y值的方差都是3.75；它们的相关系数都是0.816，线性回归线都是
$y=3+0.5x$。单从这些统计数字上看来，四组数据所反映出的实际情况非常相近；
然而，把它们描绘在图中之后，你会发现这四组数据有着天壤之别。

第一组数据是大多数人看到上述统计数字的第一反应，是最"正常"的一组数
据；第二组数据所反映的实际上是一个精确的二次函数关系，只是在错误地应用
了线性模型后，各项统计数字与第一组数据恰好都相同；第三组数据本来应该是
一个精确的线性关系，只是这里面有一个异常值，它导致了上述各个统计数字，
尤其是相关系数的偏差；第四组数据则是一个更极端的例子，其异常值导致了平
均数、方差、相关系数、线性回归线等所有统计数字全部发生了某些偏差。

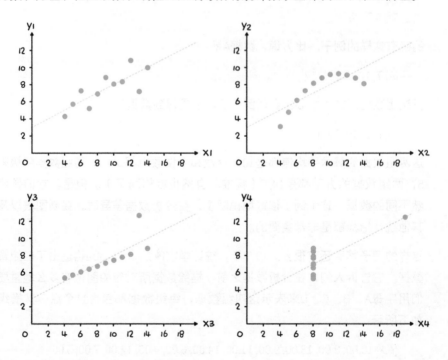

接下来，则是一些具有奇异性质的数字。

• • • • • • • •

11. 想一个九位数，它恰好由数字1到9组成，并且第一位能被1整除，前两位组成的
两位数能被2整除，以此类推，一直到整个数能被9整除。

例如，123 456 789就不符合要求。虽然1能被1整除，12能被2整除，123能被3
整除，但1234就不能被4整除了。

答案是381 654 729。本书收录这个问题，并不是因为它有无比巧妙的解法，而
是因为一个有趣的事实：在所有用数字1到9能够组成的362 880个数中，这是唯
一一个满足要求的答案。这个问题既可以用数字谜一般的推理方法解决，也可以
用计算机编程搜索来解决。如果想要比较人肉计算和编程计算的效率，这无疑是
最合适的问题之一。

• • • • • • • •

12. 想一个九位数，它恰好由数字1到9组成，并且每两个相邻数字组成的两位数都
在九九乘法表里出现过。

例如，123 456 789就不符合要求，23、34、67、78、89都不是九九乘法表中
的数。

答案是728 163 549。令人吃惊的是，这个答案也是唯一的。

• • • • • • • •

13. 让我们从1开始数数：1, 2, 3, 4, 5, …。数到10时，你一共遇到了2个数字1。数
到11时，你一共遇到了4个数字1。我们的问题是：除了1以外，是否还有这样的
正整数 n，使得当你数到 n 的时候，你正好遇到了 n 个数字1？

为了让下面的某些细节看起来更规整，这里我们做一个无关紧要的改动：假设我
们是从0开始数数。这对原问题没有任何影响：不管是数到几，原来会遇到多少
个1，现在还是会遇到多少个1。

不妨先考虑一个简单的问题：从0数到999，一共会遇到多少个数字1？下面是一
个较为简单的计算方法。首先，我们用添0的方式把不足三位的数统一变成三
位，因此1就变成了001，67就变成了067。我们的问题就变成了：从000到999，
数字1一共出现了几次？由于我们添的是数字0，因此问题变化之后答案是不会变
的。显然，一共有100个数的百位是数字1（也就是所有形如1??的数），一共有
100个数的十位是数字1（也就是所有形如?1?的数），一共有100个数的个位是数
字1（即所有形如??1的数）。因此，数字1一共出现了300次。

类似地，从0数到9999，数字1一共出现了4000次。从0数到99 999，数字1一共出现了50 000次。注意，从100 000到199 999中，如果只看末5位的话，数字1又会出现50 000次；另外，这里面有100 000个数，每个数的首位都还有一个数字1。因此，从0数到199 999，数字1一共出现了50 000+50 000+100 000=200 000次。

数到199 999，一共会遇到200 000个数字1。哎呀，就差那么一点了！你或许会这么想。且慢，如果再往下数一个数，问题不就解决了吗？当你数到200 000时，数字1的个数不发生改变，还是200 000个，这样一来n=200 000不就是一个满足要求的答案了吗？

有人或许会问，有没有别的n也满足要求？当然还有，比如说n=200 001呀！有人或许会继续问，还有没有别的n也满足要求？还有！我们不妨往前面推一下。数到199 999时，遇到的数字1有200 000个，这意味着数到199 998的时候遇到了199 999个数字1，数到199 997的时候遇到了199 998个数字1……我们可以像这样一直往前推，直至得出，数到199 991的时候遇到了199 992个数字1。再往前面推一步，这个尴尬的局面终于被打破了：199 991里面有两个数字1，因此在数到199 990的时候，正好有199 990个数字1！所以，n=199 990又是一个符合要求的答案！这样一来，199 989, 199 988, 199 987, …, 199 982, 199 981都是符合要求的了。其实，199 981就是满足要求的最小的n（当然，除了1以外）。

很容易证明，满足要求的n只有有限多个。这是因为，如果n满足要求，那么n绝不可能超过100位。刚才我们已经看到了，数到999...99（k个9）会遇到$k \cdot 10^{k-1}$个1，换句话说，数到任意一个k+1位数时，至少已经有过$k \cdot 10^{k-1}$个1了；而当k≥100时，$k \cdot 10^{k-1}$已经有至少k+2位了。

一些更细致的分析可以告诉你，满足要求的n甚至不可能超过10位。实际上，这样的n一共只有83个。它们从小到大依次是：

1, 199 981, 199 982, 199 983, 199 984, 199 985, 199 986, 199 987, 199 988, 199 989, 199 990, 200 000, 200 001, 1 599 981, 1 599 982, 1 599 983, 1 599 984, 1 599 985, 1 599 986, 1 599 987, 1 599 988, 1 599 989, 1 599 990, 2 600 000, 2 600 001, 13 199 998, 35 000 000, 35 000 001, 35 199 981, 35 199 982, 35 199 983, 35 199 984, 35 199 985, 35 199 986, 35 199 987, 35 199 988, 35 199 989, 35 199 990, 35 200 000, 35 200 001, 117 463 825, 500 000 000, 500 000 001, 500 199 981, 500 199 982, 500 199 983, 500 199 984, 500 199 985, 500 199 986,

500 199 987, 500 199 988, 500 199 989, 500 199 990, 500 200 000,
500 200 001, 501 599 981, 501 599 982, 501 599 983, 501 599 984,
501 599 985, 501 599 986, 501 599 987, 501 599 988, 501 599 989,
501 599 990, 502 600 000, 502 600 001, 513 199 998, 535 000 000,
535 000 001, 535 199 981, 535 199 982, 535 199 983, 535 199 984,
535 199 985, 535 199 986, 535 199 987, 535 199 988, 535 199 989,
535 199 990, 535 200 000, 535 200 001, 1 111 111 110

最后是若干个不便于分类的小题目。

●●●●●●●●●

14. 或许有人会对算式5^2有一种特别的偏好——它的得数是25，与算式本身正好用到了完全相同的一组数字。类似的算式还有很多，例如11^2、$(4 \div 2)^{10}$、$[(86+2 \times 7)^5-91] \div 3^4$，这三个算式的得数分别是121、1024和123 456 789。证明，这样的算式有无穷多个。注意，你的式子里只能包含加、减、乘、除以及乘方运算，不允许出现根号、对数、取整、阶乘、小数点之类的东西。

只需要借助题目一开始提到的$5^2=25$，我们就能轻易构造出无穷多个例子来，如下所示。

$50^2+0=2500$
$500^2+0+0=250\,000$
$5000^2+0+0+0=25\,000\,000$
……

我们便立即证明了这样的算式有无穷多个。当然，还有很多其他的模板也能生成无穷多个满足要求的式子，大家不妨自己去找一找。

其实，我们还能构造出另一类更加精妙的算式：算式和得数当中的数字顺序也完全一样！比如$-1+2^7$、$(3+4)^3$和$16^3 \times (8-4)$，这三个算式的得数分别是127、343和16 384。这样的算式是否仍然有无穷多个呢？答案仍然是肯定的，我们只需要把上面那一列式子稍微改造一下即可：

$2+50^2=2502$
$2+(500+0)^2=250002$
$2+(5000+0+0)^2=25000002$
$2+(50000+0+0+0)^2=2500000002$
……

由此可见，即使要求等号两边的数字顺序也一模一样，符合要求的式子还是有无穷多个。

●●●●●●●●●

15. 下图展示了一个神奇的数字方阵：这是一个3×3的方阵，里面填有9个互不相同的正整数，并且每一行上的三个数加起来，每一列上的三个数加起来，以及两条对角线上的三个数加起来，结果都是一样的。这样的数字方阵就叫做"幻方"（magic square）。

我们的问题是：是否有可能在一个3×3的方阵中填入9个互不相同的正整数，使得每一行、每一列和两条对角线上的三个数乘积相等？

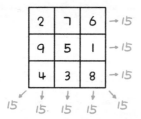

这是有可能的。答案出人意料地简单。注意到$2^a \times 2^b = 2^{a+b}$，因此我们只需要把上面那个幻方当中的1, 2, 3, …, 9分别换成$2^1, 2^2, 2^3, …, 2^9$，新方阵中每一行、每一列和两条对角线上的三个数之积将会都等于2^{15}。

4	128	64
512	32	2
16	8	256

我曾经把这道题放进了某份小学趣味数学的讲义里。不过，小朋友们没学过乘方以及乘方的规律，那怎么办呢？没关系，我们可以把答案改得更简单直白一些。把1, 2, 3, …, 9分别换成10, 100, 1000, …, 1 000 000 000，于是新方阵中每一行、每一列和两条对角线上的三个数之积将会都等于1后面15个0。

100	10 000 000	1 000 000
1 000 000 000	100 000	10
10 000	1 000	100 000 000

幻方是一个很神奇的东西。在博弈问题里，幻方将会在一个让你意想不到的地方再次出现。

●●●●●●●●

16. 把自然数从左到右依次写下，得到一个无穷长的数字串12345678910111213…。其中，"5678"第一次出现是在整个数字串中的第5位至第8位，"0111"则首次出现在第11位至第14位。哪一个四位数字组合出现得最晚？

你或许会以为答案是9999，但实际上0999出现得比9999晚得多。第一次出现9999的地方是8997 8998 8999 9000；第一次出现0999的地方则是9097 9098 9099 9100。

然而，真正的正确答案是0000，它第一次出现的位置是9997 9998 9999 10000，而其他所有四位数字组合都会在10000之前出现。不容易想到吧！

实际上，最晚出现的10个四位数字组合依次是：

   0000, 0999, 0909, 9090, 0990, 0099, 0900, 0009, 9000, 9999

9999仅排在第10位。

●●●●●●●●

17. $1 \times 3 \times 5 \times \cdots \times 99$的结果的末位数是多少？

显然，整个乘积是5的倍数，因而末位只能是0或者5；然而，所有乘数都是奇数，乘积也一定还是奇数，因而其末位不可能是0，只可能是5。

●●●●●●●●

18. $1 \times 2 \times 3 \times \cdots \times 20 = 24329020081\square6640000$，中间隐去的那个数字是什么？不用计算器，想办法确定出这个数字。

答案：7。一个简单的方法是，注意到这个数应该能被9整除，因此这个数的各位数字之和能被9整除。然而，目前这个数的各位数字之和是47，因此剩下的那个数字只能是7。

等等，为什么一个数能被9整除，这个数的各位数字之和就能被9整除呢？这是小学奥数必讲的整除判定法，但小学奥数里似乎从来只讲方法，不讲原理。其实，这背后的原理很简单。举个例子，67 248能被9整除，让我们来看看为什么6+7+2+4+8就能被9整除。

67248

$=6×10000+7×1000+2×100+4×10+8$

$=6×(9999+1)+7×(999+1)+2×(99+1)+4×(9+1)+8$

$=6×9999+6+7×999+7+2×99+2+4×9+4+8$

$=(6×9999+7×999+2×99+4×9)+(6+7+2+4+8)$

前面的6×9999、7×999、2×99和4×9都是9的倍数，为了让整个结果也是9的倍数，于是6+7+2+4+8也必须是9的倍数，即6+7+2+4+8能被9整除。类似地，如果一个n位数能被9整除，那么把这n个数字相加，结果也能被9整除。

●●●●●●●●

19. 从1到4000当中，各位数字之和能被4整除的有多少个？举个例子，1065的各位数字之和就能被4整除，因为1+0+6+5=12。注意，问题可能没有你想得那么简单，满足要求的数分布得并没有那么规则。1、2、3、4里有一个满足要求的数，5、6、7、8里也有一个满足要求的数，但是9、10、11、12里就没有了。尽管如此，我们仍然有一种完全不用计算就能得出答案的方法，你能想到吗？

答案就是1000。首先，0和4000都是满足要求的数，因而我们不去看1到4000中有多少个满足要求的数，转而去看0到3999中有多少个满足要求的数，这对答案不会有影响。我们可以用添0补足的方法，把这些数全都变成四位数，这不会改变每个数的各位数字之和。于是，问题就变成了，从0000到3999当中有多少个满足要求的数（这都是我们在第13题里用过的技巧）。

注意，如果固定了末三位，比如说618，那么在0618、1618、2618、3618这4个数中，有且仅有一个数满足，其各位数字之和能被4整除。考虑从000到999这1000个可能的末三位组合，每一个组合都唯一地对应了一个满足要求的四位数，因此问题的答案就是1000。

●●●●●●●●

20. 最后，我们来做一个大家熟悉的算术游戏——算24。用哪四个相同的正整数（不限于1到13）能算出24？这样的正整数一共有11个，你能把它们都找出来吗？注意，这里算24的规则和平常一样，只允许加减乘除四则运算，可以添加括号改变运算顺序。

这是我非常喜欢的一个问题。让我们设置一些悬念，一点一点地公布答案吧。

首先，四个3是可以算出24的，你能算出来吗？方法是：3×3×3-3=24。

紧接着，四个4也是可以算出24的，你能算出来吗？方法是：4×4+4+4=24。

接下来，四个5也是可以算出24的，你能算出来吗？这可能更不好想了：5×5-5÷5=24。

那么，四个6能算出24吗？

有趣的事情发生了。绝大多数人稍作思索之后便会得意地说，我想到了，6×6-6-6=24。哈哈，想复杂啦！要想用四个6算出24来，我们远远不需要那么曲折的办法，把四个6全部加起来就行啦！这会让人立即联想到那些故意陷害人的经典题目，比如先给你演示一下如何把下面的这几个图四等分，然后叫你把一个正方形五等分。

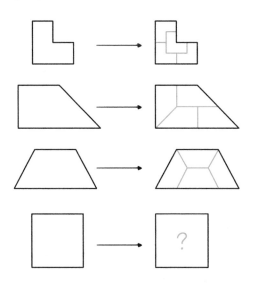

受到前面所给例子的影响，绝大多数人会把问题想得非常复杂，然而实际上，把正方形五等分是非常容易的——直接画四条横线，把它分成五个相等的长方形就可以了。

言归正传。除了四个3、四个4、四个5、四个6以外，还有四个多少能算出24的？很多人会不假思索地说，四个24显然能算出24呀！且慢，四个24真的能算出24吗？静下心来尝试一下，你会发现还真不那么容易。24+24-24+24=48，24-24+24-24=0，24×24÷24×24=576，24÷24×24÷24=1，似乎不管怎样总是多出一个24来。要是只有三个24就好了。于是，你开始觉得，四个24恐怕算不出24吧。其实，四个24确实能算出24来，不过方法非常巧妙，你能想到吗？答案是：24+(24-24)×24。

我们巧妙地利用了0乘以任何数都得0，魔术般地除掉了一个24。

刚才说了，四个相同的数能算出24来，这一共有11种情况。我们已经找出5种了，还有6种都是什么呢？注意到，三个相同的数可以利用公式$(x+x)\div x=2$变出一个数字2来，而12、22、26、48这四个数和数字2运算一次之后都可以得到24。于是，四个12、四个22、四个26和四个48都是可以算出24的，具体方法分别如下：

$12\times[(12+12)\div12]=24$

$22+(22+22)\div22=24$

$26-(26+26)\div26=24$

$48\div[(48+48)\div48]=24$

其中，用四个12算出24还有另一种方法：$12+12+12-12=24$。

好了，只差最后两种情况了。剩下的这两种情况非常不容易想到。四个23也是能算出24来的。首先，$23\times23+23=23\times(23+1)=23\times24$，再把它除以23，就能得到24了。也就是说：

$(23\times23+23)\div23=24$

类似地，四个25也能算出24来：

$(25\times25-25)\div25=24$

至此，我们终于找到了所有的11个答案：3, 4, 5, 6, 12, 22, 23, 24, 25, 26, 48。

既然说到了算24，也就顺便说几个我喜欢的算24谜题吧。请用下面的每一组数算出24来。再次说明，这里算24的规则和平常一样，只允许加减乘除四则运算，可以添加括号改变运算顺序。我们保证不会赖皮，不会有什么乘方、根号、对数、取整、阶乘、小数点之类的东西。

(1) 4, 4, 10, 10

(2) 5, 10, 10, 13

(3) 3, 7, 9, 13

(4) 1, 5, 5, 5

(5) 3, 3, 7, 7

(6) 3, 3, 8, 8

这些问题都非常困难，答案如下：

(1) $(10\times10-4)\div4=24$

(2) $(10\times13-10)\div5=24$

(3) 7×9-3×13=24

(4) (5-1÷5)×5=24

(5) (3+3÷7)×7=24

(6) 8÷(3-8÷3)=24

令人吃惊的是，每一组数的解法都是唯一的，你只能这么算才能算出24来。有的朋友在看到第四个小问的答案后或许会感到不解：怎么1除以5都来了？别急，请看：1除以5等于0.2，5减去0.2等于4.8，4.8再乘以5不就是24吗？这确实是一个只用到加减乘除的合法算式。后面两个算式里也出现了除不尽的情况，不过类似地，把它们写成分数继续参与运算，最后的结果不多不少，精确地等于24。

6 序列问题

曾经有人发来邮件问我：寻找数字规律的题有没有什么万能的公式解法呢？我的回答是，不可能。数字规律千奇百怪，最怪异的数字谜题甚至与数学运算完全没有关系。下面就是几个非常经典的数字规律谜题，你能看出它们的规律吗？再次提示：这些规律都与数学无关。

1. 下一个数是多少：1, 2, 3, 5, 4, 4, 2, 2, 2, ?

答案：2。这是书写汉字"一"、"二"、"三"、"四"……需要的笔画数。下一项是"十"，笔画数为2。

2. 下一个数是多少：2, 5, 5, 4, 5, 6, 3, 7, 6, ?

答案：8。这是计算器、电梯、电子表上显示数字"1"、"2"、"3"、"4"……需要的数码管根数。显示数字"10"需要8根数码管。

3. 下一个数是多少：0, 0, 0, 1, 0, 1, 0, 2, 1, ?

答案：1。这些数字分别表示数字"1"、"2"、"3"、"4"……里有多少个"洞"。数字"10"里面一共只有一个洞。

4. 下一个数是多少：1, 11, 21, 1211, 111221, 312211, 13112221, ?

答案：1113213211。这个数列叫做外观数列，从1开始，后面的每串数都是对前一串数的描述。"11"就表示前一个数是"1个1"，"21"就表示前一个数是"2个1"，"1211"就表示前一个数是"1个2，1个1"，"111221"就表示前一个数是"1个1，1个2，2个1"，等等。

5. 下一个数是多少：1, 8, 11, 69, 88, 96, 101, 111, 181, ?

答案：609。它们依次是所有"倒着看和原来一样"的数。

6. 下一个数是多少：12, 1, 1, 1, 2, 1, ?

答案：3。这是从午夜零点零分开始座钟的敲钟次数。0:00敲12下，0:30敲1下，1:00敲1下，等等。

下面几个问题都与数字的英文表达有关。先看一个简单的吧。

● ● ● ● ● ● ● ● ●

7. 下一个数是多少：3, 3, 5, 4, 4, 3, 5, 5, 4, 3, ?

答案：6。它们分别是单词one, two, three, four, …的字母个数。

接下来可就没那么简单咯。我建议大家看完问题后直接看答案吧，别浪费时间自己想了。看到答案你就知道，这不是一个正常人能想出来的。

● ● ● ● ● ● ● ● ●

8. 下一个数是多少：0, 0, 0, 0, 4, 9, 5, 1, 1, 0, ?

答案：55。这个忽大忽小的诡异数列有一个打死你也想不到的超级复杂的生成方式：先依次写出1, 2, 3, 4, 5, 6, 7, …的英文单词one, two, three, four, five, six, seven, …，然后去掉除了c、d、i、l、m、v、x以外的所有其他字母，得到-, -, -, -, iv, ix, v, …（其中短横杠表示没有剩余的字母），最后把它们当作罗马数字读出来，就得到了0, 0, 0, 0, 4, 9, 5, …。下一个数是第11个数，其中11的英文表达是eleven，经过变换后得到lv，也就是55。

● ● ● ● ● ● ● ● ●

9. 下一个数是多少：2, 4, 6, 30, 32, 34, 36, 40, 42, 44, 46, 50, 52, 54, 56, 60, 62, 64, 66, ?

答案：2000。你是猜不到这个答案的。上面这串数的共同点是，它们的英文表达中都没有字母e。然后就是一个很出人意料的事实：没错，下一个不含字母e的数直接跳到了2000！

● ● ● ● ● ● ● ● ●

10. 下一个数是多少：1, 2, 4, 5, 6, 8, 10, 40, 46, 60, 61, 64, 80, 84, ?

答案：5000。这个问题的答案就更不可能猜出来了。上面这串数的共同点是，它们的英文表达中都不含重复的字母。然后就是一个很出人意料的事实：没错，下一个不含重复字母的数直接跳到了5000！更有趣的是，在5000之后就再也没有这样的数了。也就是说，这里列出的已经是所有满足"英文表达中不含重复字母"的正整数了。

说到与数字的英文表达有关的问题，当然不会忘记提到下面这个经典的字母序列题。

●●●●●●●●●
11. 请你填写出下一个字母：O, T, T, F, F, S, S, E, N, ?

答案：T。有了前面的几个问题作铺垫，大家应该能很快看出这道题的答案吧。这些字母依次是英文单词one, two, three, four, …的首字母。这种类型的问题就多了，另一个类似的字母序列就是F, S, T, F, F, S, …，它则是英文单词first, second, third, …的首字母。当然，汉语中"一"、"二"、"三"、"四"的拼音首字母也可以形成另外一个序列。事实上，天干地支、化学元素周期表、太阳系的行星序列、军旗中的棋子大小顺序……都可以出成字母序列问题。

既然说到字母序列题了，一定要和大家分享下面这个欠扁的经典问题。

●●●●●●●●●
12. 请你填写出下一个字母：Q, N, T, X, C, X, Y, G, Z, ?

答案：M。这些字母依次是"请你填写出下一个字母"的汉语拼音首字母。在酒吧里把妹子，这一招很有用：考她字母序列G, S, N, L, J, Q, N, H, B, J, B的规律是什么，然后说"告诉你了就请你喝杯酒吧"。答案就是"告诉你了就请你喝杯酒吧"各字的首字母。

最后，给大家介绍两个非常经典的"分组依据"谜题。

●●●●●●●●●
13. 我们按照某种属性把1到9这9个数字分成了三组：1378, 246, 59。你能看出分组的依据吗？

答案：这是一个非常经典的问题。答案是根据汉语读音的声调。"一"、"三"、"七"、"八"都是一声，"二"、"四"、"六"都是四声，"五"、"九"都是三声。

古今汉语的"四声"略有不同。古有平、上、去、入四声，后来平声分化为阴平和阳平，上声和去声保留了下来（有一部分上声字也变成了去声），入声则完全消失，最终就演变成了今天的四声格局：阴平、阳平、上声、去声。当然，入声虽然消失了，原来读入声的字还在，只不过它们都被分到了其他的声调里。也就是说，现在的四个声调里都分布有古入声字。

大家可能知道，在现代汉语中，"一"、"七"、"八"三个字有变调，这就是因为这三个字是古入声字，部分语音残留了下来。在很多南方方言中，入声字的保留更具系统性。比如在重庆话中（我是重庆人），古入声字全部归入了二声，因此入声字表里的所有字用重庆方言读全都是阳平（虽然在普通话里可能是别的声调）。粤方言则直接保留了入声字"塞音韵尾"的念法，会说粤语的朋友一念便知。其他方言区的朋友也可以尝试着念一念"一"、"七"、"八"，或者直接在网上搜一下入声字表，看看入声字在你的家乡话里会表现出怎样的形式。我知道你很懒，所以在这里列举几个常见的入声字吧：日、月、石、铁、骨、血、黑、白、学、习、甲、乙都是入声字。当然，"平上去入"的"入"也是入声字（事实上，"平"、"上"、"去"、"入"这四个字的声调就是平声、上声、去声、入声）。

曾经在网上看见过一个"史上最难的语文数学题"：把1到9这9个数字分成3, 59, 24, 1678这样四组的依据是什么？答案就是，这是按照汉字的平上去入四声来分的。四组数字在古代的声调分别平声、上声、去声和入声。

· · · · · · · · ·

14. 在每一个小题中，我们都按照某种属性把26个字母分成了两组。请你找出每个小题中的分组依据。

    (1) CEFGHIJKLMNSTUVWXYZ | ABDOPQR

    (2) AEFHIKLMNTVWXYZ | BCDGJOPQRSU

    (3) COPSUVWXZ | ABDEFGHIJKLMNQRTY

    (4) ABCDEFGQRSTVWXZ | HIJKLMNOPUY

    (5) CDILMVX | ABEFGHJKNOPQRSTUWYZ

答案：
    (1) 字母中是否含有封闭区域；
    (2) 字母是否仅由直线笔划组成；
    (3) 字母的大小写形状是否一样；
    (4) 打字时用左手按键还是用右手按键；
    (5) 是否为罗马数字所用的字母。

这是我为《新知客》2010年第10期的趣题栏目出的谜题。

7 算账问题

读书的时候学了那么多数学知识，结果似乎什么都用不上，唯一能用上的恐怕就是算算账了。不过，千万不要小看算账这件事——有可能学了那么多年数学，到头来还是算得一笔糊涂账。

曾经看过一个绝佳的恶作剧：准备一个不透明的盒子，然后把你的朋友叫过来。你先往盒子里面放上20块钱，然后叫你的朋友也往里面放上20块钱了。于是，盒子里面就有了40块钱。现在，你手里拿着这个盒子，不断地强调里面有足足40块钱，可以买这个买那个，然后跟你的朋友说，我可以30块钱把这个盒子卖给你。接下来，你就等着你的朋友脑子一短路，然后从他手里净赚10元溜之大吉吧。

网上有一个类似的段子，说某男子手里攥着两张百元大钞，在ATM机前面排着队，突然从附近走来了一个大美女。美女说，你要存200元钱对吧，正好我要取200元钱，干脆你把你的200元钱直接给我，我们不就都不用排队了吗？男子心想，对啊！于是就把钱给人家了……可怕的是，第一次看到这个笑话的时候，我居然没有反应过来！

好了，看看下面这些有趣的问题，你都能反应过来吗？

●●●●●●●●●

1. 这可能是所有算账问题当中最经典的了。三位客人到了一家旅馆，老板说房费一共30元，所以每人交了10元钱。客人入住后，老板突然发现其实房费应该是25元，于是让服务员把5元钱给客人送回去。服务员心想，这5元钱三个人没法分啊，于是自己私藏了2元，只退给三位客人每人1元。好了，每位客人实际上只交了9元钱，三位客人一共交了27元，再加上服务员那儿的2元钱，一共就是27+2=29元。等等，原本不是30元吗？少的那1元钱哪儿去了？

答案是，27和2根本就不是相加的关系，而是相减的关系。三位客人一共支付了27元，其中服务员那儿有2元，老板那儿有25元，这里面没有任何问题嘛！27+2=29这个算式根本没有任何意义。显然，问题中的数据是精心构造的，目的是让那个没有意义的数字29尽可能地接近30，给人造成一种两者之间有联系的假象。

有人曾经编了故事的续集，让我捧腹大笑。

过了几个月之后，其中两位客人又回到了同一家旅馆。老板说房费一共20元，所以每个人都付了10元。后来，老板发现房费其实应该是15元，于是让服务员把5元钱退回去。服务员自己私藏了3元钱，只退给每位客人1元钱。好了，现在，每位客人实际上只付出了9元，两位客人一共付了18元，另外服务员那里还有3元，加起来一共是21元。咦，怎么莫名其妙地多出来1元钱呢？哦，原来刚才少的那1元钱在这儿呀！

●●●●●●●●●
2. 一个东西先涨价了10%，随后又降价了10%。它现在的价格与最开始的原价相比，是变高了，变低了，还是不变？

答案：变低了。这是因为，涨的那10%是原价的10%，而降的那10%是涨价之后的10%，因而降价的幅度其实比涨价的幅度更大一些。举个具体的例子吧：假如一个东西刚开始是100元，涨价10%意味着涨了100元的10%，于是价格就变成100+10=110元；降价10%则意味着降了110元的10%，于是价格就变成110-11=99元。这比最开始的原价更低了。

每次说到这里时，我总是喜欢再补充一个问题：那么，一个东西先降价10%，再涨价10%，结果又会怎么样呢？答案还是比原价更低了——涨的那10%是降价之后的10%，所以降得多涨得少，最终还是比原来便宜。事实上，先涨价10%再降价10%可以看作是在原价的基础上先乘以1.1再乘以0.9，先降价10%再涨价10%则可以看作是在原价的基础上先乘以0.9再乘以1.1，它们的本质上是一样的，都是把价格变成原来的0.99倍。

●●●●●●●●●
3. 我在集市上花了30元买了一匹马，然后以40元的价格把它卖给了你。过了一会儿，我突然觉得自己卖亏了，这匹马原本还能卖更好的价钱的。于是我又花了50元钱从你那儿把这匹马买了回来，最终以60元的价格把它卖给了别人。在整个过程中，我一共赚了多少钱？

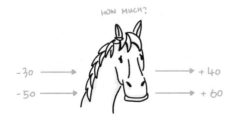

我一共赚了20元。一个最简单的想法是，把整个过程想象成这样：我花30元钱买了一样东西，以40元的价格卖给了你，然后花了50元钱从你这儿买了一样别的东西，以60元钱的价格卖了出去。这是两次不同的买卖，每次买卖我都赚了10元钱，因此一共赚了20元钱。

●●●●●●●●

4. 有个人在市场上卖螃蟹，他一共有10斤螃蟹，一斤100元。这时过来两个买螃蟹的，一个说他只喜欢吃蟹腿儿，一个说他只喜欢吃蟹身。卖蟹的说，那我把螃蟹的腿和身子都掰开来，分别卖给你们不就行了吗？但是，一斤螃蟹100元，分开来该怎么卖呢？于是，大家商量好了，蟹腿便宜一些，一斤20元吧，蟹身贵一些，一斤80元。卖蟹的把10斤螃蟹的蟹腿蟹身全都掰开来，称了称蟹腿，一共4斤，于是收了80元；又称了称蟹身，一共6斤，于是收了480元。等两个买蟹的走远后，卖蟹的突然觉得不对：10斤螃蟹全卖了应该有1000元，怎么手里只有560元呢？

或许有人会认为，钱数对不上的原因是蟹腿和蟹身的重量并不相等，一个是4斤，一个是6斤。其实，这并不是原因。如果蟹腿和蟹身真的各占5斤，那么收到手里的钱会更少，只有20×5+80×5=100+400=500元。真正的原因是，把100元一斤的螃蟹分成20元一斤的蟹腿和80元一斤的蟹身来卖，这无论如何都是会吃亏的。蟹腿虽然只是蟹腿，但也是一斤呀！怎么能只卖20元呢？如果蟹腿20元一斤，蟹身80元一斤的话，这就意味着100元可以买两斤蟹肉了。

●●●●●●●●

5. A从家里打车去公司，总路程一共是10公里。出租车刚开出1公里时，A就看见了同事B，于是A把B叫上了车，两人一同前往公司。下车结账时，A说："我们俩一共走了19公里，其中我走了10公里，你走了9公里，因此我来支付打车钱的10/19，你只需要支付打车钱的9/19就行了。"

A的提议公平吗？如果不公平，两人应该各出多少钱？

这里，我们假设出租车简单地按照单价乘以里程来收费，不考虑起步价、燃油费等因素。

A的提议是不公平的，因为车费并不会因为只有一个人在车上而变便宜。其实，整个过程可以抽象地看作是，A独自购买了一件物品，A、B两人再合买了一件更贵的物品。真正公平的分配方案就很明显了：A独自走了1/10的路程，这一部分的打车钱应该由他独自支付；A、B合走了剩下的9/10的路程，这一部分的打车钱应该由两人平分。所以，A一共应该支付1/10+9/20=11/20的费用，B只需要支付9/20的费用即可。两人应该按照11∶9的比例分账，而不应该按照10∶9的比例分账。如果真的按照A的提议执行的话，A就赚到便宜了。

这里，我们用到了一个假设：如果一分钱对应着一分货，那么我们应该遵循"谁使用谁支付"的原则。基于这个假设，我们给出了上面所说的答案。这也是我们为什么把起步价、燃油费排除掉的原因，因为这一部分费用并不是一分钱对应着一分货，我们就很难找到一种普遍认同的分配原则了。

在下面的问题当中，"公平"缺乏严格定义所带来的麻烦会更加突出。

●●●●●●●●

6. 你和你的朋友去快餐店吃午餐。你们点了完全相同的10元套餐。你的朋友突然拿出一张10元套餐买一送一的优惠券，然后跟你说："我手里有一张优惠券，因此一会儿结账时你把你的10元钱付了，我就直接拿优惠券来抵我的10元钱了。"

你的朋友这样做公平吗？如果不公平，两人应该各出多少钱？

实际生活中，可能很少有人意识到，这是不公平的。原因很简单：如果你不愿意的话，你可以拒绝与你的朋友"合作"，逼迫对方不得不支付他的那10元钱。这将会成为你手中的一个巨大的砝码。因此，你的朋友应该给你一些好处，比如让你少付一点钱，通过贿赂让你和他合作。

那么，从理论上说，怎样做最公平呢？由于"公平"没有一个标准的定义，因此这个问题也就没有一个标准的答案。

这种情境和实验经济学中的"最后通牒游戏"（ultimatum game）非常类似。该实验需要两名参与者，不妨把他们叫做A和B。主试者打算给A、B两人一共10元钱，并且让A提出这10元钱的一种分配方案，然后B可以选择接受或者拒绝A的提议。如果B接受了A的提议，那么两人将会获得相应数量的钱；如果B拒绝了A的提议，那么两人什么都得不到，全都空手离去。按道理来说，即使A只分给B一分钱，自己独得剩下的9.99元，B也应该接受A的提议，否则他将什么都得不到。然而，实验结果却并不是这样：现代城市里的人们更倾向于提出50∶50的分配方案，那些高于80∶20的分配方案大多会遭到拒绝。这种现象表明了经济行为的复杂性：人们并不总是贪婪地想要实现自己收益的最大化，其具体行为会受到社会、心理等诸多因素的影响。

实际上，如果假设你的朋友手中的优惠券成本忽略不计的话，刚才的优惠券问题完全等价于最后通牒游戏。这是因为，刚才的优惠券问题可以等价地想成是这样：你和你的朋友每人先支付10元钱，把账结清。然后，突然出现了一个神秘人物，他愿意退给你们10元钱。这10元钱究竟怎么分，由你的朋友决定；但最终得经过你的同意，这10元钱才能真的到手。

说了这么多，最后又回到了我们最开始的问题：现在你觉得，两人应该各出多少钱才是最公平的呢？

●●●●●●●●

7. 据说，曾经在某一段时间里，美国和加拿大的货币汇率出了问题：把9美元带到加拿大去，可以换成10个加元；把9加元带到美国去，可以换成10美元。于是，就出现了这么一个往返于美加边境的酒鬼：他用10美元在美国买了杯1美元的啤酒，把找回来的9个美元带到加拿大去，换成10加元；然后在加拿大又买了1加元的啤酒，把找回来的9个加元带到美国，再换成10美元……如此反复，他就可以不花一分钱，免费喝到无穷多的啤酒！问题出现了：究竟是谁支付了啤酒钱？

答案：他用自己的劳动支付了啤酒钱。他以一个贸易商的角色往返于两地之间，并把赚到的钱花在了啤酒上。不要老想着货币汇率的问题了，其实整个过程的实质很简单，就相当于他从美国买了很多特产带到加拿大去卖，又从加拿大买了很多特产带到美国去卖，如此反复并不断获利，再用赚来的钱买啤酒罢了。

●●●●●●●●

8. 两个好哥们儿在酒吧喝酒时发现，每个人都戴着一条老婆送的新领带。他们开始争论，谁的领带更便宜一些。两人争了半天未果，最后决定打一个赌：每个人回家后都向老婆打听自己领带的价格，谁的领带更贵，谁就把自己的领带送给对方。

第一个人心想：输和赢的概率是相等的，如果输了，我会输掉我的领带，但如果我赢了，我会赢来一条更值钱的领带。因此，这个赌注给我带来的期望收益大于损失，对于我来说是有利的。有趣的是，第二个人心里也是这么想的。

问题来了：一个赌注怎么可能对于打赌的双方都是有利的呢？

和几何问题中的第20题一样，这个问题也出自马丁·加德纳的*Hexaflexagons and Other Mathematical Diversions*一书，不过在书里，马丁·加德纳有意没写答案。其实答案很简单：这种权衡自己收益的思路是错误的。实际上，每个人的期望损益都是平衡的。如果你最终输掉了比赛，那么你的领带更有可能是一条很贵的领带；如果你最终赢得了比赛，那么你的领带更有可能是一条便宜的领带。因而，你赢的时候能赢得的价值，并不会高于你输的时候输掉的价值。

有人或许会说：不对啊，我的领带价格应该是固定不变的呀？是的，你的领带的价格确实是固定不变的，但关键是你不知道这个价格是多少。如果你真的知道了的话，输赢的概率就不相等了，你有可能会更愿意打赌或者更不愿意打赌了。

8 概率问题

1990年，美国马里兰州的Craig Whitaker给*Parade*杂志的"问问玛丽莲"（*Ask Marilyn*）专栏写了一封信，向这个专栏的主持人玛丽莲·沃斯·莎凡特（Marilyn vos Savant）提出了一个概率问题："假设你正在参加一个电视节目。舞台上有三扇门，其中一扇门的后面是汽车，另外两扇门的后面是山羊。你当然是想选中后面有汽车的那扇门。你随便选择了一扇门，比如说1号门。这时，主持人打开了另一扇门，比如说3号门，让你看到了3号门的后面是一只山羊（主持人知道每扇门后面都是什么）。现在，主持人给你一次重新选择的机会。你是否应该换选2号门呢？"

玛丽莲是门萨国际的会员，她拥有高达228的智商，曾是吉尼斯世界纪录记载的"智商最高的人"。在*Parade*的专栏里，玛丽莲回答过各式各样的谜题，几乎从未出错，这次也不例外。她的回答非常明确：应该换。只需要注意到下面这个事实：刚开始你选中的是汽车，换了后你就会获得山羊；刚开始你选中的是山羊，换了后你就会获得汽车。由于你刚开始选中汽车的概率只有1/3，选中山羊的概率有2/3，因此换选2号门对你更有利一些。

上面的解答是完全正确的。然而，很多人会觉得，游戏者最终面对的不过是一个二选一的难题，换与不换似乎应该是一样的呀？于是，这个问题毫无疑问地成为了史上争论最多的数学问题之一。上万名读者向*Parade*杂志写信指出玛丽莲的"错误"，其中包括近千名拥有PhD学位的读者。据说，匈牙利数学家保罗·埃尔德什（Paul Erdős）刚开始也拒不接受玛丽莲给出的答案，直到亲眼看见计算机模拟出来的结果，才慢慢开始改变自己的看法。

这个故事告诉我们，在面对概率问题的时候，人的直觉并不总是可靠的。下面就是另外15个有趣的概率问题。做好准备——这些问题的答案可能会出乎你的意料，让你大跌眼镜！

●●●●●●●●●

1. A、B两路车的发车间隔时间都是10分钟，每路车都能从家直达公司。每天早上，我都会在一个不固定的时间出门去车站等车，哪辆车先来就上哪辆。按道理来说，乘坐A、B两路车的概率应该是一样的，可一年下来我却发现，乘上A路车的次数远远超过乘上B路车的次数——前者是后者的9倍！这是怎么回事？

答案：虽然两路车都是10分钟一班，但A路车的到站时间是8:09, 8:19, 8:29, ……，而B路车的到站时间是8:10, 8:20, 8:30, ……。

••••••••

2. A、B两人约定好晚上6:00到7:00之间在公园门口见面。每个人都会从6:00到7:00这段时间当中随机挑选一个时间，并在这个时间到达公园门口。每个人都只愿意等待15分钟，也就是说，如果15分钟之后没有看见对方，那么就会立即离开。那么，两人最终能见面的概率有多大？

答案：7/16。这是一个非常经典的概率问题，它告诉我们：有时候，利用几何模型可以让概率问题瞬间变得明朗起来。让我们画一个正方形，如下图所示，其中横坐标代表A到达公园门口的时间，纵坐标代表B到达公园门口的时间。那么，A、B两人的选择就可以用这个正方形里的点来表示。比方说，图中的P点就对应于A、B分别选择了6:20和6:45的情形。在正方形里的所有点当中，只有蓝色区域里的点满足横纵坐标之差小于15分钟，它们对应着A、B两人能够相遇的所有情况。所以说，我们要求的概率，其实就是在正方形里面随机选一个点，这个点恰好落在蓝色区域的概率。它等于蓝色区域的面积除以正方形的总面积，即7/16。

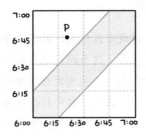

下面是两个与生男生女有关的问题。在此，我们假设生男生女的概率相同，各占50%。

••••••••

3. 为了调控男女比例，某个国家制定了一个政策：每对新婚夫妇都必须生孩子，如果生出的是男孩儿就不能再生了，如果生出的是女孩儿就必须继续生下去，直到生出第一个男孩儿为止。若干年后，该国的男女比例会发生怎样的变化？

有人或许会认为，这种"不生出男孩儿不罢休"的政策会让男孩儿数量逐渐变多；有人或许会认为，这种"如果不再是女孩儿了就赶快作罢"的政策会导致女孩儿数量逐渐变多。实际上呢？该国的男女比例将会保持不变，仍然是50：50。

道理很简单。不妨假设有一大批新婚夫妇，他们同时开始进行一轮一轮的生小孩儿游戏。第一轮里，有一半的夫妇得到了男孩儿，退出了游戏；另一半夫妇得到了女孩儿，进入第二轮。在第二轮里面，又有一半由于生出男孩儿而退出，另一半由于生出女孩儿而进入第三轮……注意到，在每一轮里，新生男孩儿和新生女孩儿都是一样多的，因此把所有轮数合在一起看，男孩儿的总数和女孩儿的总数也一定是相同的。

这个问题非常考验人的直觉思维。有的人听完这个问题之后会说，该国的男女比例显然不会变化呀！如果问他为什么，他或许会说：因为生男生女的概率就是50∶50，这永远不会变呀！没错，其实最简单的解释就是这样。如果你还没体会到的话，不妨这么来想：假如你是这个国家里唯一的妇产科医生，不管是谁在什么时候生小孩儿，全部靠你来接生；若干年后，你会毫不犹豫地断定，该国的男女比例仍然不变，因为在你接手的所有产妇中，生男生女的比例就是50∶50，这是永远不会变的。

这个问题有一些有趣的应用。设想你在网上玩围棋游戏，已知你获胜的概率是50%（姑且假设游戏没有平局）。某天晚上，你连着输了好几次，终于有一次获胜，此时你决定见好就收，立即关机睡觉。你或许会突发奇想：如果每天都玩到首次获胜为止，个人战况统计中的"胜率"一栏会慢慢变高吗？和刚才的道理一样，这种技巧是无法提高你的胜率的。你的胜率是多少就是多少。

● ● ● ● ● ● ● ● ●
4. 平均算下来，男性会比女性拥有更多的姐妹吗？

很多人或许会想，男性平均拥有的姐妹的数量会更多一些，因为在计算一个女性的姐妹数量时，我们需要把她自己排除掉。有人甚至会举出一些确凿的例子来：假如1个家庭里有1个男孩儿2个女孩儿，那么每个男孩儿都有2个姐妹，每个女孩儿只拥有1个姐妹，这不就说明平均每个男孩儿的姐妹数量更多吗？然而，这个推理是有问题的：同样是有3个小孩儿，这个家庭里是1个男孩儿2个女孩儿，别的家庭里有可能是2个男孩儿1个女孩儿，或者3个都是男孩儿，或者3个都是女孩儿呀！让那些家庭也来参与调查，平均下来的结果可能就不一样了。

不妨让我们对所有只有3个小孩儿的家庭做一个具体的分析。首先注意到，3个小孩儿的性别一共有8种组合：男男男、男男女、男女男、女男男、女女男、女男女、男女女、女女女。不妨假设有8个家庭，分别对应上面这8种情况。让我们来算一下，这24个小孩儿各自都有多少姐妹。

❑ 家庭#1（男男男）：一共有3个男孩儿，每个男孩儿都没有姐妹；该家庭没有女孩儿。

❑ 家庭#2（男男女）：一共有2个男孩儿，每个男孩儿都有1个姐妹；只有1个女孩儿，她没有姐妹。

    ❑ 家庭#3（男女男）：同上。

    ❑ 家庭#4（女男男）：同上。

    ❑ 家庭#5（女女男）：只有1个男孩儿，他有2个姐妹；一共有2个女孩儿，每个女孩儿都有1个姐妹。

    ❑ 家庭#6（女男女）：同上。

    ❑ 家庭#7（男女女）：同上。

    ❑ 家庭#8（女女女）：该家庭没有男孩儿；一共有3个女孩儿，每个女孩儿都有2个姐妹。

这24个小孩儿中有12个男孩儿，其中3个男孩儿的姐妹数量为0，6个男孩儿的姐妹数量为1，3个男孩儿的姐妹数量为2，平均每个男孩儿拥有1个姐妹。同时，这24个小孩儿中还有12个女孩儿，其中3个女孩儿的姐妹数量为0，6个女孩儿的姐妹数量为1，3个女孩儿的姐妹数量为2，平均每个女孩儿拥有1个姐妹。果然，平均每个男孩儿的姐妹数量和平均每个女孩儿的姐妹数量是一样的！

当然，还有很多家庭并不是3个小孩儿。不过没关系，放眼一般情况（即在整个社会当中），平均每个男性拥有的姐妹数量仍然和女性一样多。下面是一个直观的想法。假如我们在路上看见一个陌生的男孩儿，问他有几个姐妹。我们得到的回答将会取决于他的家庭里还有多少个小孩儿，以及这些小孩儿各自的性别。现在，如果把陌生男孩儿换成陌生女孩儿，那么得到的回答将会取决于她的家庭里还有多少个小孩儿，以及这些小孩儿各自的性别。在这两种情况下，我们得到的回答应该是一样的。因此，平均算下来，男性和女性拥有的姐妹数量相等。

●●●●●●●●●

5. 同时抛掷10枚硬币，正面朝上的硬币数量为偶数的概率大，还是为奇数的概率大？

答案：一样大。事实上，把10换成任意正整数，这个问题的答案都不会变——正面朝上的硬币个数是奇是偶的概率一样大。

让我们把这个问题先修改一下：同时抛掷5枚硬币，正面朝上的硬币数量为偶数的概率大，还是为奇数的概率大？有趣的是，新的问题突然有了一种非常简单的解法。我们可以把同时抛掷5枚硬币的结果分成六大类：0个正面5个反面、1个正面4个反面、2个正面3个反面、3个正面2个反面、4个正面1个反面、5个正面0个反面。我们把这六类情况分成3组：

(1) 0正5反，5正0反

(2) 2正3反，3正2反

(3) 4正1反，1正4反

注意，每一组里的前后两类情况出现的概率都是相同的，然而前面那类总是属于有偶数个正面的情况，后面那类总是属于有奇数个正面的情况。因而总的来说，有偶数个正面的情况和有奇数个正面的情况将会概率均等地出现。

回到原问题。如果是10枚硬币的话，又该怎么办呢？大家或许想要故技重施，但却发现这回不管用了。虽然"0正10反"和"10正0反"出现的概率仍然相等，但它们都是有偶数个正面的情况，这样就没法推出奇偶两种情况各占一半的结论了。不过，我们另有奇招。把这10枚硬币分成两组，每一组各有5枚硬币。根据刚才的结论，每组硬币里面出现偶数个正面和出现奇数个正面的概率是相同的，因而，同时抛掷这两组硬币后，检查两组硬币正面朝上的数量分别有多少，会产生"偶偶"、"偶奇"、"奇偶"、"奇奇"这四种等概率的组合。在第一种情况和最后一种情况中，最终正面朝上的硬币数量为偶数；在第二种情况和第三种情况中，最终正面朝上的硬币数量为奇数。可以看到，正面朝上的硬币数量是奇是偶的概率相等。

我们还有另一种更简单的方法来说明，同时抛掷10枚硬币后，正面朝上的硬币数量是奇是偶的概率的确相同。假设你已经抛掷了9枚硬币，正准备抛掷最后一枚硬币。不管前9枚硬币抛掷成啥样，最后这枚硬币的正反都将会起到决定性的作用，具体情况分为两种，视前9枚硬币的抛掷结果而定：

A. 如果最后一枚硬币是正面，总的正面个数就是偶数；如果最后一枚硬币是反面，总的正面个数就是奇数；

B. 如果最后一枚硬币是正面，总的正面个数就是奇数；如果最后一枚硬币是反面，总的正面个数就是偶数。

容易看出，不管是A和B中的哪种情况，总的正面个数是奇是偶的概率都是相等的。因此，即使出现情况A和出现情况B的概率不相等（当然，事实上它们是相等的），最终总的正面个数是奇是偶的概率也是相等的。

●●●●●●●●●

6. A、B两人为一件小事争执不休，最后决定用抛掷硬币的办法来判断谁对谁错。不过，为了让游戏过程更刺激，A提出了这样一个方案：连续抛掷硬币，直到最近三次硬币抛掷结果是"正反反"或者"反反正"。如果是前者，那么A获胜；如果是后者，那么B获胜。

B应该接受A的提议吗？换句话说，这个游戏是公平的吗？

乍看上去，B似乎没有什么不同意这种玩法的理由，毕竟"正反反"和"反反正"的概率是均等的。连续抛掷三次硬币可以产生8种不同的结果，上述两种各占其中的1/8。况且，序列"正反反"和"反反正"看上去又是如此对称，获胜概率怎么看怎么一样。

不过，实际情况究竟如何呢？实际情况是，这个游戏并不是公平的——A的获胜概率是B的3倍！虽然"正反反"和"反反正"在一串随机硬币正反序列中出现的频率理论上是相同的，但别忘了这两个序列之间有一个竞争的关系，它们要比赛看谁先出现。一旦抛掷硬币产生了其中一种序列，游戏即宣告结束。这样一来，B就处于了一个非常窘迫的位置：不管什么时候，只要掷出了一个正面，如果B没赢的话，B就赢不了了——在出现"反反正"之前，A的"正反反"必然会先出现。

事实上，整个游戏的前两次硬币抛掷结果就已经决定了两人最终的命运。只要前两次抛掷结果是"正正"、"正反"、"反正"中的一个，A都必胜无疑，B完全没有翻身的机会；只有前两次掷出的是"反反"的结果，B才会赢得游戏的胜利。因此，A、B两人的获胜概率是3∶1，A的优势绝不止是一点。

似乎是还嫌游戏双方的胜率差异不够惊人，2010年，数学家Steve Humble和Yutaka Nishiyama提出了上述游戏的一个加强版。去掉一副扑克牌中的大小王，洗好剩下的52张牌后，一张一张翻开。一旦出现连续三张牌，花色依次是红黑黑，那么玩家A加一分，同时把翻开了的牌都丢掉，继续一张张翻没翻开的牌；类似地，一旦出现连续三张牌恰好是黑黑红，则玩家B得一分，弃掉已翻开的牌后继续。

容易看到，加强版游戏相当于是重复多次的掷硬币游戏，因而毫无疑问，在这个新游戏中，玩家A的优势还会进一步放大。电脑计算显示，A获胜的概率高达93.54%，B获胜的概率则只有可怜的2.62%。另外3.84%则是两人平手的概率。然而，即使是这样，这个游戏看上去也会给人一种公平的错觉！

这个例子告诉我们，在赌博游戏中，直觉并不是准确的，求助概率论是很有必要的。

其实，概率论的诞生本来就和赌博游戏是紧紧联系在一起的。提到概率论的诞生，不得不提一位名叫Antoine Gombaud的法国作家。这人1607年出生于法国西部的一个小城市，他并不是贵族出身，却有着"骑士"的光辉头衔——只不过是他自封的而已。他借用了一个自己笔下的人物形象名称，自封为de Méré骑士。后来，这个名字便逐渐取代了他的真名Antoine Gombaud。不过，de Méré骑士并没有凭借自己的文学作品名扬天下，真正让他声名远扬的是他的赌博才能。而足以让他在历史上留名的，则是他对一个赌博游戏的思考。

在17世纪，法国赌徒间流行着一个赌博游戏：连续抛掷一颗骰子4次，赌里面是否会出现至少一个6点。这个游戏一直被视为是一个公平的赌博游戏，直到1650年左右，de Méré在另一个类似的游戏中莫名其妙地输得四个荷包一样重。当时，de Méré参加了这个赌博游戏的一个"升级版"：把两颗骰子连续抛掷24次，赌是否会掷出一对6点来。

de Méré自己做了一番思考。同时抛掷两颗骰子出现一对6点，比抛掷一颗骰子出现6点要困难得多，前者的概率是后者的1/6。要想弥补这个减小了的概率，我们应当把两颗骰子连续抛掷6次。为了追上连续抛掷4次骰子出现6点的概率，则应当把两颗骰子抛掷24次才行。de Méré果断地得出结论：在升级版游戏中掷出一对6点的概率，与传统游戏中掷出6点的概率是相等的，升级版游戏换汤不换药，与原来的游戏本质完全一样。

不过，这毕竟是不严格的直觉思维，事实情况如何还得看实战。在以前的游戏中，de Méré总是赌"会出现6点"，经验告诉他这能给他带来一些细微的优势。于是这一回，de Méré也不断押"会出现一对6点"。不料，这次他却赔得多赚得少，最终输了个精光。

这是怎么一回事儿呢？作为一个业余数学家，de Méré感到里面有玄机。但是，凭借自己的数学知识，他没有能力解决这个难题。无奈之下，他只好求助当时的大数学家布莱士·帕斯卡（Blaise Pascal）。

帕斯卡可是真资格的数学家。他很快便意识到，这种问题的计算不能想当然，事实和直觉的出入可能会相当大。比方说，de Méré的直觉就是有问题的：重复多次尝试确实能增大概率，但这并不是成倍地增加。买一张彩票能中奖的概率是1%，并不意味着买两张彩票能中奖的概率就提升到了2%。否则，按此逻辑，买100张彩票能中奖的概率就变成了100%，这显然是荒谬的。类似地，把两颗骰子连续抛掷6次而非1次，出现一对6点的概率也并不会提升到原来的6倍。

看来，概率不能简单地加加减减，每一步推理都要有凭有据。帕斯卡考虑了游戏中所有可能出现的情况，算出了在新旧两种版本的游戏中，会出现一个（或一对）6点的概率分别是多少。

连续抛掷4次骰子，总共会产生6^4，也就是1296种可能。不过在这里面，一个6点都没有的情况共有5^4，也就是625种。反过来，至少有一个6点就有1296-625=671种情况，它占所有情况的671/1296≈51.77%，恰好比50%高出那么一点点。看来，

de Méré的经验是对的——众人公认的公平游戏并不公平，赌6点会出现确实能让他有机可乘。

那么，连续投掷两颗骰子24次，能出现一对6点的概率又是多少呢？这回计算的工程量就有点大了。两颗骰子的点数有36种组合，连投24次则会有36^{24}，大约是22.45万亿亿亿亿种情况。而24次投掷中，从没产生过一对6点的情况数则为35^{24}，大约为11.42万亿亿亿亿。可以算出，如果赌24次投掷里会出现一对6点，获胜的概率是49.14%。又一个非常接近50%的数，只不过这次是比它稍小一些。

原来，升级版游戏并不是换汤不换药。两种游戏胜率虽然接近，但正好分居50%两边。这看似微不足道的差别，竟害得我们的"骑士"马失前蹄。

后来，这个经典的概率问题就被命名为"de Méré问题"。在解决这个问题的过程中，帕斯卡提出了不少概率的基本原理。因此，de Méré问题常被认为是概率论的起源。

当然，de Méré的故事多少都有一些杜撰的成分，大家或许会开始怀疑，在现今世界里，有没有什么还能玩得到的"伪公平游戏"呢？答案是肯定的。为了吸引玩家，赌场想尽各种花样精心设计了一个个迷魂阵一般的赌局。在那些最流行的赌博游戏中，庄家一方总是会稍占便宜；但游戏规则设计得如此之巧妙，以至于乍看上去整个游戏是完全公平，甚至是对玩家更有利的。"骰子掷好运"（chuck-a-luck）便是一例。

"骰子掷好运"的规则看上去非常诱人。每局游戏开始前，玩家选择1到6之间的一个数，并下1块钱的赌注。然后，庄家同时抛掷三颗骰子。如果这三颗骰子中都没有你选的数，你将输掉那1块钱；如果有1颗骰子的点数是你选的数，那么你不但能收回你的赌注，还能反赢1块钱；如果你选的数出现了2次，你将反赢2块钱；如果三颗骰子的点数都是你选的数，你将反赢3块钱。用赌博的行话来说，你所押的数出现了1次、2次或者3次，对应的赔率分别是1∶1、1∶2、1∶3。

用于抛掷三颗骰子的装置很有创意。它是一个沙漏形的小铁笼子，三颗骰子已经预先装进了这个笼子里。庄家"抛掷"骰子，就只需要把整个沙漏来个180度大回旋，倒立过来放置即可。因此，"骰子掷好运"还有一个别名——"鸟笼"。

18世纪英国皇家海军的水手间流行过一种叫做"皇冠和船锚"（Crown and Anchor）的赌博游戏，其规则与"骰子掷好运"一模一样。唯一不同之处只是骰子而已。普通骰子的6个面分别是1点到6点，而"皇冠和船锚"所用骰子的6个面则是6种不同的图案——扑克牌的黑、红、梅、方，再加上皇冠和船锚两种图案。之后，"赌博风"又蔓延到了商船和渔船上，"皇冠和船锚"也就逐渐走出了皇家海军的

圈子。一般认为，这也就是"骰子掷好运"的起源了。现在，很多赌场都提供了
"骰子掷好运"的赌博项目。

对玩家而言，这个游戏看上去简直是在白送钱：用三颗骰子掷出6个数中的一个，
怎么也会有一半的概率砸中吧，那玩家起码有一半的时间是在赚钱，应当是稳赚
不赔呀。其实，这是犯了和de Méré一样的错误——一颗骰子掷出玩家押的数有1/6
的概率，并不意味着三颗骰子同时抛掷就会有3/6的概率出现此数。在抛掷三颗骰
子产生的所有6^3种情况中，玩家押的数一次都没出现有5^3种情况，所占比例大约
是57.87%。也就是说，大多数时候玩家都是在赔钱的。

不过，考虑到赚钱时玩家有机会成倍地赢钱，这能否把输掉的钱赢回来呢？一些
更为细致的计算可以告诉我们，即使考虑到这一点，游戏对玩家仍然是不利的：
平均每赌1块钱就会让玩家损失大约8分钱。不过，我们还有另一种巧妙的方法，
无需计算便可看出这个游戏对玩家是不利的。

这显然是一个没有任何技巧的赌博游戏，不管押什么胜率都是一样的。因此，不
妨假设有6名玩家同时在玩这个游戏，这6个人分别赌6个不同的点数。此时玩家联
盟的输赢也就足以代表单个玩家的输赢了。

假设每个人都只下注1块钱。抛掷骰子后，如果三颗骰子的点数都不一样，庄家将
会从完全没猜中点数的3个人手中各赚1块，但同时也会赔给另外3人各1块钱；如
果有两颗骰子点数一样，庄家会从没猜中点数的4个人那里赢得共4块，但会输给
另外两人3块；如果三颗骰子的点数全一样，庄家则会赢5块但亏3块。也就是说，
无论抛掷骰子的结果如何，庄家都不会赔钱！虽然一轮游戏下来有的玩家赚了，
有的玩家亏了，但从整体来看这6名玩家是在赔钱的，因此平均下来每个玩家也是
在不断输钱的。

在继续讨论赌博游戏之前，让我们先再看几个关于硬币的趣题。

●●●●●●●●●

7. 你和你的朋友在讨论晚上去哪儿吃饭，想从三家饭馆当中随机选择一家，但你们
手中只有一枚硬币。你如何利用这枚硬币概率均等地生成1、2、3这三个数之一？

答案：连续投掷两次，"正反"为1，"反正"为2，"正正"为3，"反反"重
来。这样便可以公正地产生1到3之间的随机整数。

●●●●●●●●●

8. 其实，由于硬币的两侧轻重不一，因此正反两面出现的几率并不是绝对均等的。这样的话，我们还能让硬币来帮助我们做决定吗？于是就有了下面这个有趣的问题：假如你手中有一枚不公平的硬币，其中一面朝上的概率更大一些（但是你不知道具体大了多少，你甚至不知道究竟是哪一面朝上的概率更大）。你能想办法用这枚硬币"模拟"出一枚公平的硬币吗？

考虑连续抛掷两次硬币后的结果：如果结果是一正一反，那么先正后反和先反后正的概率一定是相同的（即使这枚硬币是不公平的）。借助这一点，我们就有了下面这个方案：连续抛掷两次硬币，如果两次抛掷的结果分别是"正"、"反"，就视作最终结果为"正"；如果两次抛掷的结果分别是"反"、"正"，就视作最终结果为"反"；如果是其他情况，就重新再来。

如果把这个问题和上个问题结合起来，我们就会得到一个看上去更加困难的问题：如何用一枚不公正的硬币随机生成1、2、3这三个数之一？当然，有了前面的铺垫，解决方法很容易想到。既然我们能用公正的硬币产生1到3之间的随机整数，又能把不公正的硬币当作公正的硬币来使，我们自然也就能用不公正的硬币产生1到3之间的随机整数。换句话说，连续抛掷四次硬币，规定"正反反正"、"反正正反"、"正反正反"分别表示1、2、3，其余情况重来。其实，我们还有一种更妙的办法：投掷三次硬币，"正反反"为1，"反正反"为2，"反反正"为3，其余情况重来。

下面则是又一个我非常喜欢的"伪公平游戏"的例子。

●●●●●●●●●

9. 俄罗斯轮盘赌是史上最酷的决斗方式之一。左轮手枪的转轮中有6个弹槽。在其中一个弹槽中放入一颗子弹，然后快速旋转转轮，再把它合上。参与决斗的两个人轮流对准自己的头部扣动扳机，直到其中一方死亡。这是一场真男人游戏，双方胜负的概率各占50%，游戏没有任何技巧可言，命运决定了一切。

为了让游戏更加刺激，这一回我们稍微改变一下游戏规则。在转轮的连续3个弹槽中放入子弹，然后旋转并合上转轮。这一次，你是打算先开枪还是后开枪呢？

你应该选择后开枪，因为后开枪的人幸存的概率更高。为了算出双方存活的概率，我们只需要考虑所有6种可能的子弹位置即可。不妨用字母B来表示有子弹的弹槽，用字母E来表示空的弹槽。我们便能列出下面这张表：

- ❑ BBBEE→先开枪者死
- ❑ BBEEB→先开枪者死
- ❑ BEEEBB→先开枪者死
- ❑ EEEBBB→后开枪者死
- ❑ EEBBBE→先开枪者死
- ❑ EBBBEE→后开枪者死

可见，先开枪者死亡的概率高达2/3，是后开枪者死亡概率的2倍。

可以算出，当转轮里分别有1、2、3、4、5、6颗连续的子弹时，先开枪者死亡的概率分别为1/2、2/3、2/3、5/6、5/6、1。看来，并不是所有游戏都是先下手为强啊。

下面则是另外三个关于赌博的问题。有趣的是，它们并不是"伪公平游戏"，而是"伪偏倚游戏"。

• • • • • • • • •

10. A和B玩游戏。A取出一副扑克牌并去掉大小王，剩下红色的牌和黑色的牌各26张。洗好牌后，A依次翻开每一张牌，让B看到牌的颜色。B可以在任意时刻打断A，并打赌"下一张牌是红色"。如果下一张牌真是红色，A给B一块钱；如果下一张牌是黑色的，B输给A一块钱。注意，B必须要在某个时刻下赌注，并且机会只有一次；如果他一直没打断A，则默认他赌最后一张牌是红色。

B的最佳策略是什么？在这种策略下，他有多大的概率获胜？

乍看上去，B似乎有很多方法能保证他的获胜概率大于50%。比方说，他可以等到黑牌都翻完了时赌下一张牌是红色。不过别忘了，黑牌先翻完不是总能发生的。如果红色的牌先翻完，他就必输无疑了。因此，采取这种策略并不会增加B获胜的概率。

事实上，这是一个完全公平的游戏，B没有所谓的"最佳策略"。B的任何一种策略效果都完全一样——50%的概率获胜，50%的概率输掉。为了证明这一点，让我们来考虑这场赌博游戏的一个修改版：A把牌一张一张地翻开，B可以在任何时候打断A，并赌最后一张牌是红色。显然，在剩下的牌里面，第一张是红色与最后一张是红色的概率完全相同。因此，把原游戏中的策略应用到新的游戏中来，获胜的概率不变。但很容易看出，新规则下的游戏是一个非常无聊的游戏，因为不管B用什么策略，获胜的概率总是50%——最后一张牌是红色，B就赢；最后一张牌是黑色，B就输。

●●●●●●●●

11. 把一副洗好的牌（共52张）背面朝上地摆成一摞，然后依次翻开每一张牌，直到翻出第一张A。下一张牌是黑桃A的可能性大还是黑桃2的可能性大？

很多人可能会认为，下一张牌是黑桃2的可能性更大，因为刚才翻出的首张A可能就是黑桃A。其实这种直觉是错误的。令人吃惊的是，下一张牌是黑桃A的概率与下一张牌是黑桃2的概率一样大，它们都等于1/52。

为了说明这一点，我们不妨来看一种同样能实现绝对随机的另类洗牌方式：先把一副牌中的黑桃A抽出来，随机洗牌打乱剩下51张牌的顺序，然后把黑桃A插回这摞牌中（包括最顶端和最底端在内，共有52个可以插入的位置）。显然，黑桃A正好插到了这摞牌的首张A下面有1/52的可能性。根据同样的道理，首张A下面是黑桃2的概率也是1/52。事实上，任何一张牌都有可能出现在首张A的下面，它们出现的概率是相等的，都等于1/52。

●●●●●●●●

12. 考虑这样两个游戏。

A. 庄家不断地抛掷一个骰子，产生一个由数字1、2、3、4、5、6构成的序列。如果某个时候，新出来的数是整个序列里第二大的数（即之前抛掷的结果只有一次的点数大于等于这次的点数），那么游戏结束。最后抛掷出来的数是多少，你就将得到多少元钱。

B. 庄家不断地抛掷一个骰子，产生一个由数字1、2、3、4、5、6构成的序列。如果某个时候，新出来的数是整个序列里第三大的数（即之前抛掷的结果只有两次的点数大于等于这次的点数），那么游戏结束。最后抛掷出来的数是多少，你就将得到多少元钱。

你更愿意参加哪个游戏？

很多人会觉得游戏A更赚，因为第三大的数有可能会更小一些，回报也就会更少一些。然而，不可思议的是，参加这两种游戏的结果是完全一样的：最终得到1元钱、2元钱、3元钱、4元钱、5元钱、6元钱的概率各占1/6。

为了解释这件事情，不妨让我们先对游戏B做一个分析。在游戏过程中，你或许会非常关注当前是否处于以下6种情境之一：

(1) 已经出现了两个大于等于1的数字，正在等待第三个大于等于1的数字

(2) 已经出现了两个大于等于2的数字，正在等待第三个大于等于2的数字

(3) 已经出现了两个大于等于3的数字，正在等待第三个大于等于3的数字

(4) 已经出现了两个大于等于4的数字，正在等待第三个大于等于4的数字

(5) 已经出现了两个大于等于5的数字，正在等待第三个大于等于5的数字

(6) 已经出现了两个大于等于6的数字，正在等待第三个大于等于6的数字

注意，如果后面的某个情境出现了，那么排在它前面的所有情境一定都出现过了；换句话说，这几种情境一定会按照上面的顺序依次出现（偶尔会同时进入若干个情境）。第一种情境是最早出现的。事实上，在第二个数字抛掷出来之后，你就已经处于第一种情境下了。此时，你会等待下一个大于等于1的数字（当然，你并不需要真的等待，下一个数字一定会满足要求）。如果下一个大于等于1的数字就是1，那它就是第三大的数字，于是游戏结束，你得到的回报是1元。出现这种情况的概率是1/6。在另外5/6的情况下，下一个大于等于1的数字并不是1，那么今后数字1就再也不可能是第三大的数了，情境1已经一去不复返，不用再考虑了，你的回报至少是2元。

进入第二种情境之后，你会开始等待下一个大于等于2的数字（不过这次你可能就真的要等了）。类似地，在1/5的情况下，下一个大于等于2的数字就是2，那它就是第三大的数字，于是游戏结束，你得到的回报是2元。在4/5的情况下，下一个大于等于2的数字不是2，那么情境2也就过去了，游戏继续进行。有时候，你会同时处于情境1和情境2当中，并且让情境1成为历史的那个数正好是情境2在等的那个数。即使这样，我们的推理仍然成立。

类似地，出现了情境3之后，游戏有1/4的概率结束，有3/4的概率往下走……如果你能一直走到情境6，那么下一个大于等于6的数字必然是数字6，游戏必然结束。

让我们来算一算最终获得不同回报的概率。

(1) 回报为1元的概率：1/6

(2) 回报为2元的概率：$(5/6)\times(1/5)=1/6$

(3) 回报为3元的概率：$(5/6)\times(4/5)\times(1/4)=1/6$

(4) 回报为4元的概率：$(5/6)\times(4/5)\times(3/4)\times(1/3)=1/6$

(5) 回报为5元的概率：$(5/6)\times(4/5)\times(3/4)\times(2/3)\times(1/2)=1/6$

(6) 回报为6元的概率：$(5/6)\times(4/5)\times(3/4)\times(2/3)\times(1/2)\times1=1/6$

注意，在整个推理过程中，"第三个"这一条件并没有起到什么实质性的作用。因此，用同样的方法对游戏A进行分析，得到的结果是完全相同的。事实上，不管游戏规则说的是第几大的数，结果均会如此。

这个结论是Ignatov在1977年提出的。

●●●●●●●●

13. 一架客机上有100个座位，100个人排队依次登机。第一个乘客把机票搞丢了，但他仍被允许登机。由于他不知道他的座位在哪儿，他就随机选了一个座位坐下。以后每一个乘客登机时，如果他自己的座位是空着的，那么就在他自己的座位坐下；否则，他就随机选一个仍然空着的座位坐下。请问，最后一个人登机时发现唯一剩下的空位正好就是他的，概率是多少？

你或许会以为这个概率很小，但实际上，这个概率是50%。我们可以通过一些严格而复杂的计算来说明这一点，但在这里，我更愿意给出一些直观的解释。注意，当最后一名乘客登机时，最后一个空位要么就是他的，要么就是第一个乘客的（其他的座位如果没被别人抢占，最终也会被它真正的主人占据）。这两个位置会面对98个人的选择，它们的"地位"是相等的，它们的"命运"是相同的，不存在哪个概率大哪个概率小的问题。因此，它们成为最后一个空位的概率是均等的。也就是说，最后一个人发现剩下的空位正好是他的，其概率为50%。

下面是另一个有趣的解释。我们可以把问题等价地修改为，如果一个人发现自己的座位被别人占据后，他就叫这个人重新去找一个位置，自己则在这里坐下。结果你会发现，真正在飞机上跑来跑去不断换座位的人其实只有一个，就是第一个人。我们可以干脆叫他直接站在旁边，等他后面的98个人全部入座后，他再选个座位坐下。容易看出，他选中的座位要么是他自己的，要么是最后一个人的，这各占50%的概率。因此，最后一个人上来之后，正好能对号入座的概率也就是50%。

●●●●●●●●

14. A、B两支球队之间要打100场比赛。初始时，两支球队的经验值都为1。在每一场比赛中，两支球队各自的获胜概率与它们的经验值成正比，随后获胜一方的经验值将会加1。那么，当100场比赛全部打完之后，出现下面两种情况的概率分别是多少？

(1) 球队A在所有100场比赛中全部获胜；
(2) 球队A在所有100场比赛中正好有50场获胜。

在给出具体的概率值之前，你可以先猜猜，出现哪种情况的概率更大一些。

这是一个强者愈强，弱者愈弱的过程，因此其中一支球队完胜另一支球队的概率并不会太低，两支球队最终打成平手的概率也并不会太高。事实上，两种情况发生的概率是相同的，都是1/101。

让我们把A、B两支球队打比赛的过程进一步抽象成下面这样：从字符串"AB"出发，不断选择某个字母并把它分裂成两个。也就是说，初始时的字符串为

"AB",每一次你需要随机选择一个字母,如果选中了"A",就把它变成"AA",如果选中了"B",就把它变成"BB"。第一次操作之后,"AB"有可能变成"AAB",也有可能变成"ABB";如果第一次操作之后的结果是"AAB",那么第二次操作之后,结果就会概率均等地变成"AAAB"、"AAAB"和"AABB"之一。容易看出,字母"A"、"B"数量增加的模式,与原问题中A、B两支球队经验值增加的模式是完全一致的,因而我们要求的概率值就等价地变为了:100次操作之后,字符串变成"AAA...AAB"的概率是多少,字符串变成"AA...AABB...BB"(两种字母数量各半)的概率又是多少。下面我们来说明,这两个概率值都是1/101。

先来看一个似乎与此无关的东西:把0到100之间的数随机排成一行的另类方法。首先,在纸上写下数字0;然后,把数字1写在数字0的左边或者右边;然后,把数字2写在最左边,最右边,或者0和1之间……总之,把数字k概率均等地放进由前面k个数产生的(包括最左端和最右端在内的)共k+1个空位中的一个。写完100之后,我们就得到了所有数的一个随机排列。

现在,让我们假设初始时的字符串是"A^0B",并且今后每次分裂时,都在分裂得到的两个字母之间标注这是第几次分裂。也就是说,下一步产生的字符串就是"A^1A^0B"或者"A^0B^1B"之一。如果下一步产生的字符串是"A^1A^0B",那么再下一步产生的字符串就会是"$A^2A^1A^0B$"、"$A^1A^2A^0B$"、"$A^1A^0B^2B$"之一……联想前面的讨论,你会发现,第100次操作结束后,所有数字实际上形成了一个0到100的随机排列,也就是说最开始的数字0最后出现在各个位置的概率是均等的。因此,最右边那个位置上的数字就是0的概率是1/101,正中间那个位置上的数字就是0的概率也是1/101。这其实就是我们要求的那两个概率值。

最后,让我们回到等公交车的问题吧。

●●●●●●●●●

15. 有一趟公交车,平均每10分钟发一班车(但具体的发车时间很不固定)。如果你在某个时刻来到车站,等到下一班车平均要花多长时间?

很多人或许都觉得,平均等待时间应该是5分钟,毕竟平均间隔时间是10分钟嘛。然而事实上,平均等待时间是大于5分钟的。这是因为,10分钟的发车间隔只是一个平均值,实际间隔有时是几分钟,有时是十几分钟。如果你出现在车站的时刻,正好位于几分钟的间隔中,你的平均等待时间显然就会小于5分钟;但如果你出现在车站的时刻,正好位于较长的间隔中,那么你的平均等待时间就会大于5分钟。关键就在这里:你出现在车站的时刻,更有可能落在了较长的发车间隔中。因而，平均等待时间会偏向于大于5分钟的情况。

倘若公交车发车的时间足够随机，概率均等地分布在时间轴上（但平均间隔仍是10分钟），那么当你来到车站时，平均需要多久才能等到公交车呢？答案或许很出人意料——平均等待时间就是10分钟。

我们可以用数学计算来证明这一点，但下面这种思考方式或许更具启发性一些。假设一个骰子有600个面，分别标有数字1到600。因此，平均每扔600次才能扔出一个1点。如果每秒扔一次骰子的话，那么平均每10分钟才能看到一个1点。现在，如果有人扔了一阵子之后，你突然插进来说"换我来扔吧"，那么从你接手骰子开始，到下次扔出1点，平均需要多长时间？显然，还是10分钟。

是的，这一刻的命运由这一刻决定，与过去发生过的事情无关。这就好比抛掷硬币的游戏一样，即使连续9次抛掷硬币的结果都是反面，第10次掷出正面的概率仍然是50%。同样地，虽然平均每10分钟应该出现一个1点，但完全有可能出现连续一个小时都没有出现1点的罕见情况。那么，下次掷出的数字正好是1点的概率有多大？仍然是1/600。为了看到一个1点，平均还需等待多长的时间？仍然是10分钟。

我们常常把下面这类错误的想法称为"赌徒谬误"（gambler's fallacy）。

- 连续9次抛掷硬币的结果都是反面，下次是正面的概率总该大一些了吧。
- 这班车平均每10分钟来一班，都过了20分钟了还没来，说明快来了。
- 老家刚发生了一次百年一遇的大地震，今后几十年再发生地震的概率就很小了。
- 连续好几天买彩票中奖，运气被用光了，看来要开始倒霉了。

大数定律（law of large numbers）是概率论中最为基本的定律之一，它告诉我们，实验次数越多，统计结果会越接近理论上的平均情况。但这绝不意味着，有某种力量会有意识地矫正偏差，寻求平衡。出现偏差没有关系，后面还有无穷多次实验，最终统计结果会自然地靠近理想情况的。

9 逻辑问题

一个数学系的朋友跟我讲过这么一个笑话，说数学系一共三个班，某天系里上大课时，偶然听见两个人对话，其中一个人问："请问你是3班的吗？"另一个人说："哦，原来你是2班的啊！"这让我立即想起我在spikedmath.com上看到的一个笑话。三个逻辑学家走进一家酒吧。侍者问："你们都要啤酒吗？"第一个人说："我不知道。"第二个人说："我也不知道。"第三个人说："是的，我们都要啤酒。"还有一个类似的笑话，说的是数学系的图书馆里上演的一幕。一位男生鼓起勇气走向一位女生，然后字正腔圆地说："这位女同学，问你个问题啊：如果我约你出来的话，你的回答和这个问题本身的回答会是一样的吗？"

你都看明白了吗？

●●●●●●●●●

1. 桌面上放有四张纸牌，每张牌都有正反两面，一面写着一个字母，一面写着一个数字。现在，你所看到的这四张牌上面分别写着D、K、3、7。为了验证"如果一张牌的其中一面写着字母D，那么它的另一面一定写着数字3"，你应该把哪两张牌翻过来？

心理学家Peter Wason的实验表明，绝大多数人会选择把D和3翻过来。然而，正确的答案应该是把D和7翻过来。试想，如果把数字3翻过来，即使背面不是字母D，又能怎样呢？这并不会对"D的背面一定是3"构成任何威胁。但是，如果把数字7翻过来，背面偏偏写着字母D，这不就推翻"D的背面一定是3"了吗？所以，为了完成验证，我们应该把D翻过来，以确定它的另一面是3，另外再把7翻过来，以确定它的另一面不是D。

在数学中，我们通常把"若非Q，则非P"叫做"若P，则Q"的"逆否命题"（contrapositive）。也就是说，把一个命题的条件和结论颠倒一下，然后分别变成其否定形式，新的命题就叫做原命题的逆否命题。例如，"如果排队买票的人很多，那么电影一定很好看"的逆否命题就是"如果电影不好看，那么排队买票的人就不多"。稍作思考你便会发现：原命题和逆否命题一定是等价的。知道这一点，也能帮助我们解决Wason的DK37问题。"如果这一面是字母D，那么另一面一定是数字3"，它的逆否命题就是"如果这一面不是数字3，那么另一面一定不是字母D"。单看原命题，我们显然应该翻开字母D。为了断定还应该翻开哪一张牌，我们考察它的逆否命题，于是很容易确定出，接下来应该翻开的是数字7。

有时候，原命题的正确性很难让人接受，但是它的逆否命题的正确性却很容易看出来。于是，我们便能借助逆否命题这一工具，让原命题的正确性变得更加显然。人们很喜欢争论无限循环小数0.9999...是否等于1。当然，0.9999...确实是等于1的，但总有一些人会认为，0.9999...永远会比1小那么一点点，因而不可能精确地等于1。每次遇到这样的人，我都会问他："如果你认为0.9999...不等于1，那么你能说出一个介于0.9999...和1之间的数吗？"这通常已经能让很多人心服口服了，不过偶尔会有一些人质疑："两个数之间不存在别的数，就能说明这两个数是相等的吗？"此时，逆否命题就派上用场了。"如果两个数之间不存在别的数，那么这两个数就是相等的"，它的逆否命题便是，"如果两个数不相等，那么这两个数之间一定可以插入别的数"，而后者显然是正确的（如果$a \neq b$，那么$(a+b)/2$就是一个介于a、b之间的数），因此原命题也是正确的。

●●●●●●●●●●

2. 有一天，我走在去理发店的路上。理发店里有A、B、C三位理发师，但他们并不总是待在理发店里。另外，理发师A是一个出了名的胆小鬼，没有B陪着的话A从不离开理发店。我远远地看见理发店还开着，说明里面至少有一位理发师。

我最喜欢理发师C的手艺，因而我希望此时C在理发店里。根据已知的条件和目前的观察，我非常满意地得出这么一个结论：C必然在理发店内。我的推理过程是这样的：

> 反证，假设C不在理发店。这样的话，如果A也不在理发店，那么B就必须在店里了，因为店里至少有一个人；然而，如果A不在理发店，B也理应不在理发店，因为没有B陪着的话A是不会离开理发店的。因此，由"C不在理发店"同时推出了"若A不在则B一定在"和"若A不在则B也一定不在"两个矛盾的结论。这说明，"C不在理发店"的假设是错误的。

我的推理过程正确吗？如果不正确，问题出在哪儿？

从已有的条件看，C当然有可能不在理发店。所以，我的"证明"肯定是错的。错在哪儿呢？其实，"若A不在则B一定在"和"若A不在则B也一定不在"并不是互相矛盾的，它们有可能同时成立，并且这将会告诉我们A一定在。也就是说，正确的推理过程和由此得出的结论应该是这样的：

(1) 如果C不在的话，那么A不在就意味着B一定在；

(2) 如果C不在的话，那么A不在就意味着B一定不在；

(3) 所以，如果C不在的话，那么A不在就会发生矛盾；

(4) 所以，如果C不在的话，那么A一定在。

这个有趣的故事来源于Lewis Carroll的一篇题为 *A Logical Paradox* 的小论文。

●●●●●●●●

3. 有一些正整数虽然很大，甚至超过了20位，但仍然可以用20个或更少的汉字表达出来。例如，100 000 000 000 000 000 000 000可以表达为"一后面二十三个零"，157 952 079 428 395 476 360 490 147 277 859 375可以表达为"前二十七个正奇数之积"。下面，我要证明一个非常惊人的结论：事实上，所有的正整数都可以用20个以内的汉字表达出来！

证明的基本思路是用反证法。假设存在某些不能在20个汉字以内表达的正整数，那么这里面一定有一个最小的不能在20个汉字以内表达的正整数，而这个数已经被我们用"最小的不能在二十个汉字以内表达的正整数"表达出来了，矛盾。因此，我们的假设是错误的。由此可知，所有的正整数都可以用20个以内的汉字表达出来。

我的证明过程正确吗？如果不正确，问题出在哪儿？

所有的正整数都可以用20个以内的汉字表达出来，这个结论明显是错的——用20个或者更少的汉字组成一个句子，总的方案数量是有限的；而正整数是无限多的，它们不可能都有与之对应的句子。所以，我的"证明"过程当中一定有某些非常隐蔽的问题。关键是，这个问题在哪儿呢？如果我们对正整数的表达方法做一个细致的分析，问题就逐渐暴露出来了。

什么叫做用若干个汉字表达一个数？这里面可能会涉及很多问题，比如有些句子根本就不合语法，比如有些句子根本就不是在表达一个数，比如有些句子的意思可能存在模糊或者有歧义的现象，比如有些句子涉及太多技术问题以至于很难算出它在表达哪个数。不过，这些细节问题我们都不管。我们假设有一台超级强大的机器，每次我们可以往里面输入一个汉语句子（但不能超过20个汉字），机器就可以根据内置的一系列复杂规则，自动判断这个句子是否合法地表达了一个正整数，如果是的话，它还能具体地给出这个数的值。这台假想的机器就明确了汉字"表达"数字的具体含义。

所以，有些数是这台机器能输出的，有些数是这台机器不能输出的。当然，这里面会有一个最小的这台机器不能输出的数。而且，"最小的这台机器不能输出的数"本身就不足20个字，是可以输进这台机器的。那么，把这句话输入机器，会得到什么呢？不要带有任何期望——机器会告诉我们，这句话并不能表达一个数。机器读到这句话的第一反应将会是：啊，机器？什么机器？我们站在这台机器之外，能够弄明白"最小的这台机器不能输出的数"是什么意思，但这句话在机器内部是不能被理解的。

类似地，"这个数已经被我们用'最小的不能在二十个汉字以内表达的正整数'表达出来了"，在这句话里，里面那一层的"表达"和外面那一层的"表达"有着不同的内涵和外延。我们不妨把里面那一个表达记作"表达$_1$"，把外面那一个表达记作"表达$_2$"。整句话就成了"这个数已经被我们用'最小的不能在二十个汉字以内表达$_1$的正整数'表达$_2$出来了"。表达$_1$和表达$_2$有什么区别呢？至少有这么一个区别：表达$_2$的规则里可以使用表达$_1$这个概念，但表达$_1$的规则里显然不能使用表达$_1$这个概念。由于表达$_2$更强大一些，因此最小的不能用20个以内的汉字表达$_1$的正整数，完全有可能用20个以内的汉字表达$_2$出来，这并没有矛盾。

这个有趣的逻辑困惑叫做Berry悖论，它是由伯特兰·罗素（Bertrand Russell）在1908年*American Journal of Mathematics*的一篇论文当中提出来的。根据论文脚注中的描述，这个逻辑困惑是牛津大学的图书馆管理员G. G. Berry想出来的，于是就有了Berry悖论这个名字。Berry悖论揭示了数理逻辑中一个至关重要的概念，即"系统之内"和"系统之外"的区别。

伯特兰·罗素是20世纪英国著名的数学家，他对数学底层的逻辑系统有过很多深刻的研究。1910年到1913年期间，他和阿尔弗雷德·怀特海（Alfred North Whitehead）合著了《数学原理》（*Principia Mathematica*），这可以称得上是史无前例的数学巨作。两人花了总共三卷的篇幅，从最底层的公理出发，用最严谨的逻辑，逐步推出各种各样的数学结论，搭建起整座数学大厦。全书第一卷第379页正中间的一小段话成为了经典中的经典："定义算术加法之后，根据这一命题便可得出，1+1=2。"

罗素这人简直就是一神人，举个例子吧，他曾经获得过诺贝尔奖。等等，诺贝尔奖不是没有数学奖吗？其实，罗素获得的是诺贝尔文学奖。罗素不但是一个数学家，还是一个哲学家，他对历史、政治、文学都抱有极大的兴趣。很难想象，《数学原理》和《社会重建原则》（*Principles of Social Reconstruction*）竟然是罗素在同一时期创作的作品。1950年，他因"多样且重要的作品，持续不断地追求人道主义理想和思想自由"获得了诺贝尔文学奖。

●●●●●●●●●

4. 大家应该见过不少"甲乙丙丁各说了一句话……如果他们当中只有一个人说假话，那么谁是凶手"一类的逻辑推理题。这次，让我们来点新鲜的。下面这几个有趣的逻辑问题是我自己创作的。在每个问题中，甲、乙、丙三人各说了一句话，你需要判断出每个人说的究竟是真话还是假话。每个问题都有唯一解。注意，与传统的逻辑推理题目不同，没有任何条件告诉你究竟有多少人在说真话，有多少人在说假话。解决问题时，请尽量避免用枚举法试遍所有8种可能，否则这将失去"逻辑推理"的意义。

(1) 甲：乙说的是假话；

乙：丙说的是假话；

丙：甲要么说的是真话，要么说的是假话。

(2) 甲：我们三个人当中有人说真话；

乙：我们三个人当中有人说假话

丙：我们三个人当中没有人说假话。

(3) 甲：我们三个人都说的真话；

乙：我们三个人都说的假话；

丙：我们三个人当中，有些人在说真话，有些人在说假话。

(4) 甲：丙说的真话；

乙：丙说的假话；

丙：你们俩一个说的真话，一个说的假话。

(5) 甲：乙说的是真话；

乙：甲说的是真话；

丙：我们都说的是假话。

(6) 甲：我们当中有一个人说假话；

乙：我们当中有两个人说假话；

丙：我们当中有三个人说假话。

(7) 甲：我们三个人要么都说的真话，要么都说的假话；

乙：我们三个人要么都说的真话，要么都说的假话；

丙：我们三个人要么都说的真话，要么都说的假话。

⑴ 显然，丙说的是真话。因此，乙说的是假话。因此，甲说的是真话。估计有人还没反应过来：第一步怎么没有任何条件就推出丙说的是真话了？这不是靠某些条件推理出来的，而是因为丙所说的内容本身一定是对的——"甲要么说的是真话，要么说的是假话"，这不废话吗？下面还有多处推理也是这么来的。

⑵ 乙和丙说的互相矛盾，他俩的话必然是一真一假。这就表明，三个人当中既有人说真话，又有人说假话。因此，甲和乙都说的真话，丙说的是假话。

⑶ 这三句话互相矛盾，却又涵盖了所有情况。因此，三句话中有且仅有一句话为真。因此，甲、乙说的是假话，丙说的是真话。

⑷ 甲和乙说的互相矛盾，他俩的话一真一假。因此，丙说的是真话。因此，甲说

的是真话，乙说的是假话。

(5) 显然，丙说的不可能是真话，否则这就和他自己说的话矛盾了。因此，丙说的是假话。也就是说，"我们都说的是假话"这个说法是不对的。换句话说，不是所有人说的都是假话。因此，甲和乙当中至少有一个人说的是真话。不管甲和乙谁说了真话，都可推出甲和乙都在说真话。

(6) 显然，不可能所有人都在说假话，否则丙说的就是真话。显然，不可能有两个或两个以上的人在说真话，因为这三句话是互相矛盾的。因此，恰好有一个人说的是真话。因此，恰好有两个人说的是假话。因此，乙说的是真话，甲和丙说的是假话。

(7) 三个人说了三句内容完全相同的话，因而他们要么都说的真话，要么都说的假话。因而，他们说的都是真话。

最后，让我们来看两个"史上最难的逻辑谜题"吧。

●●●●●●●●●

5. 某座岛上有200个人，其中100个人的眼睛是蓝色的，另外100个人的眼睛是棕色的。所有人都不知道自己眼睛的颜色，也没法看到自己眼睛的颜色。他们可以通过观察别人的眼睛颜色，来推断自己的眼睛颜色；除此之外，他们之间不能有任何形式的交流。每天午夜都会有一艘渡船停在岛边，所有推出自己眼睛颜色的人都必须离开这座岛。所有人都是无限聪明的，只要他们能推出来的东西，他们一定能推出来。岛上所有人都非常清楚地知道上面这些条件和规则。

有一天，一位大法师来到了岛上。他把岛上所有人都叫来，然后向所有人宣布了一个消息：岛上至少有一个人是蓝眼睛。

接下来的每一个午夜里，都会有哪些人离开这座岛？

答案：从第1个午夜到第99个午夜，没有任何人离开这座岛；到第100个午夜，所有100个蓝眼睛将会同时离开。

为什么？大家不妨先这样想：什么情况下第一天就会有人离开这座岛？很简单。假如岛上只有一个人是蓝眼睛，那么当他听说岛上至少有一个蓝眼睛的人之后，他就知道了自己一定就是蓝眼睛，因为他看到的其他所有人都是棕色的眼睛。因而，当天夜里他就会离开这座岛。好了，如果岛上只有两个蓝眼睛的人呢？他们在第一天都无法立即推出自己是蓝眼睛，但在第二天，每个人都发现对方还在，就知道自己一定是蓝眼睛了。这是因为，每个人都会这么想：如果我不是蓝眼睛，那么对方昨天就会意识到他是蓝眼睛，对方昨天夜里就应该消失，然而今天竟然还在这儿，说明我也是蓝眼睛。最后，这两个人将会在第二天夜里一并消失。

类似地，如果岛上有三个蓝眼睛的人，那么每个人到了第三天都发现另外两个人还没走，便能很快推出，这一定是因为自己是蓝眼睛。所以，这三个蓝眼睛的人将会在第三个午夜集体离开。不断地这样推下去，最终便会得出，如果岛上有100个蓝眼睛的人，那么每个人都会在第100天意识到自己是蓝眼睛，于是他们将会在第100个午夜集体离开。

很多人都会对这段解释非常满意，然而细心的朋友却会发现一个问题：在大法师出现之前，每个人都能看见99个蓝眼睛的人，因此每个人都知道"岛上至少有一个人足蓝眼睛"这件事情。那么，大法师的出现究竟有什么用呢？这是一个很好的问题。它的答案是：大法师的行为，让"岛上至少有一个人是蓝眼睛"的消息成为了共识。

在生活当中，我们经常会遇到与共识有关的问题。让我们来看这么一段故事。A、B两人有事需要面谈，他们要用短信的方式约定明天的见面时间和地点。不过，两人的时间都非常宝贵，只有确信对方能够出席时，自己才会到场。A给B发短信说："我们明天10:00在西直门地铁站见吧。"不过，短信发丢了是常有的事情。为了确信B得知了此消息，A补充了一句："收到请回复。"B收到了之后，立即回复："已收到，明天10:00不见不散。"不过，B也有他自己的担忧：A不是只在确认我要去了之后才会去吗？万一他没有收到我的确认短信，届时没有到场让我白等一中午怎么办？因此B也附了一句："收到此确认信请回复。" A收到确认信之后，自然会回复"收到确认信"。但A又产生了新的顾虑：如果B没收到我的回复，一定会担心我因为没收到他的回复而不去了，那他会不会也就因此不去了呢？为了确保B收到了回复，A也在短信末尾加上了"收到请回复"。这个过程继续下去，显然就会没完没了。其结果是，A、B两人一直在确认对方的信息，但却始终无法达成这么一个共识："我们都将在明天10:00到达西直门地铁站"。

有的人或许会说，那还不简单，A给B打个电话不就行了吗？在生活当中，这的确是上述困境的一个最佳解决办法。有意思的问题出来了：打电话和发短信有什么区别，使得两人一下就把问题给解决了？主要原因可能是，打电话是"在线"的，而发短信是"离线"的。在打电话时，每个人都能确定对方在听着，也能确定对方确定自己在听着，等等，因此两人说的任何一句话，都将会立即成为共识：不但我知道了，而且我知道你知道了，而且我知道你知道我知道了……

大法师当众宣布"岛上至少有一个人是蓝眼睛"，就是让所有人都知道这一点，并且让所有人都知道所有人都知道这一点，并且像这样无限嵌套下去。这就叫做某条消息成为大家的共识。让我们来看一下，如果这个消息并没有成为共识，事情又会怎样。

为了简单起见，我们还是假定岛上只有两个人是蓝眼睛。这两个人都能看见对方是蓝眼睛，因而他们都知道"岛上至少有一个人是蓝眼睛"。但是，由于法师没有出现，因此他俩都不知道，对方是否知道"岛上有蓝眼睛"这件事。所以，到了第二天的时候，之前的推理就无法进行下去了——每个人心里都会想，对方没有离开完全有可能是因为对方不知道"岛上有蓝眼睛"这件事。

类似地，如果岛上有三个人是蓝眼睛，那么除非他们都知道，所有人都知道所有人都知道了"岛上有蓝眼睛"这件事，否则第三天的推理是不成立的——到了第三天，会有人觉得，那两个人没走仅仅是因为他们不知道对方也知道"岛上有蓝眼睛"这件事罢了。继续扩展到100个蓝眼睛的情形，你会发现，"互相知道"必须得嵌套100层，才能让所有推理顺利进行下去。

实际上，我们的题目条件也是不完整的。"岛上的所有人都非常清楚地知道上面这些条件和规则"这句话应该改为"上面这些条件和规则是岛上所有人的共识"，或者说"岛上所有人都知道上面这些条件和规则，并且所有人都知道所有人都知道，等等等等"。如果没有这个条件，刚才的推理也是不成立的。比方说，虽然所有人都是无限聪明的，但是如果大家不知道别人也是无限聪明的，或者大家不知道大家知道别人也是无限聪明的，推理也会因为"昨晚他没走仅仅是因为他太笨了没推出来"之类的想法而被卡住。下一章的博弈问题当中，共识的概念也会起到很大的作用。

这是一道非常经典的问题，网络漫画网站XKCD把它称作是"世界上最难的逻辑谜题"。我至少见过这个问题的四种不同的版本。John Allen Paulos的*Once Upon A Number*里写过一个大女子主义村的故事：村子里有50个已婚妇女，每个妇女都不知道自己的男人是否有外遇，但却可以观察到其他妇女的男人是否有外遇。规定，只要哪个妇女推出了自己的男人有外遇，当晚她就必须把自己的男人杀死。有一天，村子里来了一位女族长。女族长宣布，岛上至少有一个妇女，他的男人有外遇。实际上，每个妇女的男人都有外遇。那么最后究竟会发生什么呢？村子里的人将会度过49个平静的晚上，到第50天则会出现彻彻底底的大屠杀。

另一个与疯狗有关的版本也大致如此：村子里每个人都养了一条狗，每个人都不知道自己的狗是不是疯了，但都可以观察到别人家的狗是不是疯狗。只要推出自己的狗是疯的，当天晚上就必须用枪把它杀死。有一天，村里来了一个人，宣布了至少有一条疯狗的消息，然后前2天平安无事，第3天夜里出现了一阵枪响，问村子里实际上有多少疯狗？答案是，3条。

最后还有一个戴帽子的版本。老师给5个小孩儿每个人头上都戴了一项黑帽子，然后告诉大家，至少有一个人头上戴着的是黑色的帽子。接下来，老师向大家提问："知道自己戴着黑帽子的请举手"，连问4次没有反应，到了第5次则齐刷刷地举手。有的地方把"戴着黑帽子"换成"额头上点了一个墨点"，然后老师让大家推测自己额头上是否有墨点。这本质上也是一样的。

6. 有三台机器A、B、C，它们分别叫做"真理"、"谬误"和"随机"（但你不知道谁是谁），其中"真理"永远说真话，"谬误"永远说假话，"随机"则会无视问题内容，随机作答。每次你可以向其中一台机器提问，提出的问题只能是是非问句的形式。这台机器将会用da和ja来回答你，这两个词一个表示"是"，一个表示"否"，但你也不知道哪个词表示哪个意思。你的任务是用三次提问的机会辨别出A、B、C这三台机器各自的身份。

需要注意的是，你可以向同一台机器多次提问，也就是说，这三个问题不一定是分别提给这三台机器的。另外，每一次都是向谁提出什么问题，这并不需要一开始就完全定下来，后面的提问内容和提问对象可以根据前面得到的回答而"随机应变"。"随机"的行为应该视作一枚公平的硬币：每次回答问题时，他都有50%的概率说da，有50%的概率说ja。

估计大家见过类似的题目，只不过没这么变态而已。有一类题目叫做"骑士与无赖"（Knights and Knaves），基本假设就是骑士永远说真话，无赖永远说假话，你需要向他们问一些问题，从而获取某些正确的信息。其中一个经典的问题就是，有一个岔路口，其中一条路通往天堂，另外一条路通往地狱，但是你不知道哪条路通往哪里。每条路上都站着一个人，一个是骑士，一个是无赖，但是你也不知道谁是谁。你怎样向他们中的一个人提出一个是非问题，从而判断出哪条路是通往天堂的路？

答案是，随便问一个人：另一个人是否会告诉我你这条路是去往天堂的？如果这个人回答"不会"，那么这有两种情况：这个人是骑士，他在如实地警告你，另一个人会骗你说这条路不会通往天堂；或者这个人是无赖，他骗你说，另一个人不会告诉你这条路通往天堂。总之，这条路就是通往天堂的；如果这个人回答"会"，那么这有两种情况：这个人是骑士，他在如实地警告你，另一个人会骗你说这条路就是通往天堂的；或者这个人是无赖，他骗你说，另一个人会告诉你这条路通往天堂。总之，这条路就是通往地狱的。

这已经是非常困难的逻辑问题了，但显然，它还是没有三台机器的问题困难。在维基百科上有一个条目叫做"史上最难的逻辑谜题"（The Hardest Logic Puzzle Ever），说的就是这个问题。根据维基百科的描述，这个问题是由美国逻辑学家 George Boolos 在 1996 年出版的 *The Harvard Review of Philosophy* 一书中提出的。

这个问题的解法有很多，下面是其中一种比较巧妙的解法。我们需要用到一个非常无敌的技巧：对于任意一个是非问题 P（比如说"A 是'随机'吗"），如果你想知道它是对的还是错的，那么就向"真理"或者"谬误"中的其中一个提问："如果我问你 P，你会回答 ja 吗？"只要得到的回答是 ja，就说明 P 是正确的；只要得到的回答是 da，就说明 P 是错误的。为什么？要想证明这一点其实是很容易的，只需要分别考虑以下 8 种情况就可以了。

(1) 若 P 是正确的，问的是"真理"，ja 表示"是"，则得到的回答是 ja
(2) 若 P 是正确的，问的是"真理"，ja 表示"否"，则得到的回答是 ja
(3) 若 P 是正确的，问的是"谬误"，ja 表示"是"，则得到的回答是 ja
(4) 若 P 是正确的，问的是"谬误"，ja 表示"否"，则得到的回答是 ja
(5) 若 P 是错误的，问的是"真理"，ja 表示"是"，则得到的回答是 da
(6) 若 P 是错误的，问的是"真理"，ja 表示"否"，则得到的回答是 da
(7) 若 P 是错误的，问的是"谬误"，ja 表示"是"，则得到的回答是 da
(8) 若 P 是错误的，问的是"谬误"，ja 表示"否"，则得到的回答是 da

直观地想一想，道理也不复杂。先来看看"真理"吧。对于"如果有人问你 P，你会怎么回答"这样的问题，"真理"的反应大致有 4 种：会回答"是"，不会回答"否"，会回答"否"，不会回答"是"。前两种情况都意味着，P 是正确的；后两种情况都意味着，P 是错误的。前两种情况其实属于同一种情况，即对于"你会回答 ja 吗"的答案就是 ja；后两种情况其实也属于同一种情况，即对于"你会回答 ja 吗"的答案是 da。总结起来就是，对于"如果我问你 P，你会回答 ja 吗"这样的问题，回答 ja 就意味着 P 是正确的，回答 da 就意味着 P 是错误的。

那么"谬误"呢？最精妙的地方就在这里：我们巧妙地用了问题的嵌套，让"谬误"的行为和"真理"一样了。试想，如果"谬误"拿到了"如果有人问你P，你会回答ja吗"这样的问题，它会怎么办？它肯定会欺骗你，让你以为，如果真的有人问它P时，它会像乖孩子一样好好回答。它会阴笑着回答你，"嘿嘿，如果有人问我P，我会回答ja的"，或者"嘿嘿，如果有人问我P，我不会回答ja的"。在这一瞬间，它的思路就和"真理"一样了。

反复利用这种"问题嵌套"的技巧，我们就能迅速判断出A、B、C三者的身份了。首先，我们要用一次提问找出一台肯定不是"随机"的机器。为此，我们询问机器B：如果我问你"A是不是'随机'"，你会回答ja吗？如果B回答ja，那么要么它自己就是"随机"，要么它是"真理"和"谬误"之一，其回答将表明A是"随机"。不管怎样，C都不是"随机"。如果B回答da，那么要么它自己就是"随机"，要么它是"真理"和"谬误"之一，其回答将表明A不是"随机"。不管怎样，A都不是"随机"。

第一步完成后，我们就找出了一台机器（有可能是A，有可能是C），它一定不是"随机"。然后就问它：如果我问你"你是不是'真理'"，你会回答ja吗？它的回答将会直接告诉你它的身份。最后，继续问它：如果我问你"B是不是'随机'"，你会回答ja吗？它的回答将会直接告诉你另外两台机器究竟谁是"随机"，从而揭晓所有机器的身份。

10 博弈问题

1950年，加拿大数学家Albert Tucker提出了著名的"囚徒困境"。设想某个犯罪团伙的两名成员被捕，他们被关在两个不同的房间里分别受审。警方向两人说了完全相同的话：首先坦言因证据不足，只能将两人各判有期徒刑一年；但是，只要其中一人招供而另一人保持沉默，则前者会无罪释放，后者会判有期徒刑三年；另外，如果两人都招供了，则两人各判有期徒刑两年。如果两人都保持沉默，他们加起来总共只关两年，这对他们来说是最好的结局。但实际上呢？每个人都会发现，不管对方作出的决定是什么，如实招供总能让自己少关一年。其结果就是，两个人都会不约而同地选择招供，于是两人各判两年，这对他们来说其实是最坏的结局。

很少有人意识到，"囚徒困境"要想成立，有个条件必不可缺：两人今后永远不会见面。这样，每个人才能放心大胆地背叛对方，不用担心自己会遭到报复。如果决策并不是一次性的，决策双方今后还会反复相遇，情况就不一样了。Robert Axelrod的 *The Evolution of Cooperation* 一书中提到，第一次世界大战的西线战场上曾经出现过一个非常有趣的现象：堑壕战当中的英德士兵"相识"一段时间之后，会逐渐产生一种非常微妙的合作机制。比方说，一方的食物补给车辆驶入战区后，另一方本来可以轻而易举地炸掉它，但却并没有这么做，因为他们知道这么做的后果——对方会采取报复行动，这会搞得双方都没吃没喝。久而久之，这种合作甚至会发展到，德军士兵在英军的射程范围内来回走动，英军士兵竟然无动于衷！

这是一个非常复杂的社会。每个人都想让自己的利益最大化，于是在不该有合作的地方出现了合作，在不该有背叛的地方出现了背叛。数学家建立了各种模型，来描述人们在利益驱动下制定决策的方式，于是就有了这样一个数学分支——博弈论。

我们先从几个简单的对弈游戏开始说起。下面这六个游戏有一个共同点：其中一名玩家是有必胜策略的。你需要确定出哪名玩家有必胜策略，以及他的必胜策略是什么。

●●●●●●●●

1. A、B两人打算玩"报30"的游戏。两个人从1开始轮流报数，每个人都可以往下报一个数或者两个数。比如说，第一个人可以只说一个"1"，也可以说"1，2"；如果第一个人说的是"1，2"，那么第二个人可以说"3"或者"3，4"。规定，谁先说到30谁就获胜。如果A先报的话，A和B谁有必胜策略？这种策略是什么？

B有必胜策略。每次A报了一个数，B就往下报两个数；每次A报了两个数，B就往下报一个数。这样，B将始终保持自己报到3的倍数，因而最终一定会报到30。

这个问题有一个有趣的变形：假设把规则改成"先报到30就输"的话，谁会有必胜策略呢？答案是，A将会有必胜策略。"先报到30就输"就意味着"先报到29就赢"，因此A先报"1, 2"，然后根据B的行为来行动：每次B报了一个数，A就往下报两个数；每次B报了两个数，A就往下报一个数。这样，A将会始终报到2, 5, 8, 11,…，于是29这个数一定是属于A的。

"报30"是小学奥数必讲的博弈问题之一。我如此喜欢博弈问题，很大程度上就是因为小学时学过"报30"游戏及其各种变形的必胜策略。

• • • • • • • • •

2. A、B两人打算玩"放骨牌"的游戏。游戏在一个8×8的标准国际象棋棋盘上进行。每个人手中都有足够多的多米诺骨牌（即1×2的小长方形块）。两人轮流在棋盘上放置多米诺骨牌，让它占据棋盘上的两个相邻的格子；每次都必须且只能放置一个，可以横着放，也可以竖着放，但不能与原来放过的多米诺骨牌重叠。谁没有地方放置新的多米诺骨牌，谁就输了。如果A先走的话，A和B谁有必胜策略？这种策略是什么？

B有必胜策略。具体的必胜策略很简单，只需要简单地模仿A的行为就可以了：刚才A把多米诺骨牌放在了什么位置，B就把多米诺骨牌放在关于棋盘中心对称的位置。这样一来，只要A还能走，B肯定也能走，从而保证不会输掉。

这个游戏也有一些变形。比方说，如果把棋盘改成8×9的，情况又会怎么样呢？此时，A就变成必胜者了。A的第一步就是把棋盘正中间的那两个格子先占了（如下图所示），于是整个棋盘再次变成了完美的对称形式。接下来，B在什么位置放一个，A就在对称的位置放一个，这样就能保证自己不会死掉了。

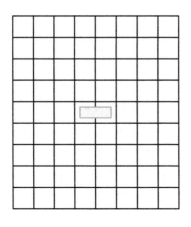

我们实际上说明了，如果游戏在长和宽均为偶数的棋盘上进行，则B必胜；如果游戏在长宽一奇一偶的棋盘上进行，则A必胜。如果棋盘的长和宽都是奇数呢？目前，人们还没有找到规律。人们已经知道，在3×3的棋盘中，B是必胜的；在3×5、3×7、3×9的棋盘中，A都是必胜的；在3×11的棋盘当中，B又变成必胜的了。可见，对于奇数乘以奇数的棋盘，情况并不是那么简单的。

●●●●●●●●●

3. A、B两人打算玩"涂圆圈"的游戏。首先，在纸上从左至右画100个小圆圈。接下来，两个人轮流涂掉其中一个或者两个相邻的小圆圈。谁涂掉最后一个小圆圈谁就赢了（换句话说，谁没有涂的了谁就输了）。如果A先开始涂的话，A和B谁有必胜策略？这种策略是什么？

A有必胜策略。A先把正中间的两个小圆圈涂黑，于是左右两边各剩下了49个圆圈。今后，A只需要对称地模仿B的行为就行了。B在左边涂掉哪个或者哪些圆圈，A就对称地在右边涂掉哪个或者哪些圆圈；B在右边涂掉哪个或者哪些圆圈，A就对称地在左边涂掉哪个或者哪些圆圈。因此，只要B有走的，A就一定有走的，最终保证能获胜。

这个游戏也有很多变化，比方说，如果刚开始那100个小圆圈排成的不是一条线，而是一个环呢？这样一来，B就变成必胜的了。因为，A无论怎么走，都会把这个环"打断"，让整个棋局等价于一条有98个圆圈或者99个圆圈的线。然后，B就站在了刚才A的位置，拥有了刚才A的优势。B只需要把这条线正中间的一个或者两个圆圈涂掉，便能用"对称大法"赢得游戏了。

●●●●●●●●●

4. A、B两人打算玩"掰巧克力"的游戏。整板巧克力里面一共有10×10个小块。首先，A把巧克力掰成两大块，吃掉其中一大块，把另一块交给B；B再把剩下的巧克力掰成两大块，吃掉其中一大块，把另一块交回给A……两人就像这样轮流掰下去。规定，谁没法继续往下掰了，谁就输了。如果A先开始掰的话，A和B谁有必胜策略？这种策略是什么？

B有必胜策略。B只需始终保持巧克力是正方形的就行了。刚开始，巧克力是10×10的，A不管怎么掰，都会把它掰成一个长和宽不相等的长方形，B只需要把它再掰回正方形即可。比如，A把它掰成了7×10的巧克力，B再把它掰成7×7的巧克力。不断这样下去，直到B把它掰成1×1的巧克力，此时A就输定了。

我们也顺便考虑一个加强版吧。如果把巧克力换成边长为10的等边三角形，如下图所示，每次只能沿着线条掰下一个小等边三角形吃掉呢？这样一来，A将会先获胜。A只需要吃掉一个边长为9的等边三角形，于是就只剩下一根长条形的巧克力了，它里面只有19个小三角形，并且今后只允许从边上一个一个地往下掰。最终，B会被迫面对最后一个小三角形，从而输掉游戏。

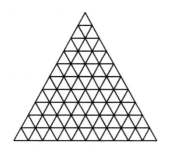

●●●●●●●●●

5. A、B两人打算玩"翻纸牌"的游戏。把52张牌摆成一排，所有牌全部正面朝上。两人轮流选择连续10张牌，把它们全部翻过来。选择哪10张牌由该玩家自己决定，唯一的要求就是，最左边那张牌必须是正面朝上的。谁不能继续往下走了（也就是说，他面前的所有牌都是背面朝上了），谁就输了。如果A先走的话，A和B谁有必胜策略？这种策略是什么？

A是必胜的。他的必胜策略就是，陪着B随便玩就行了。因为我们可以证明，不管两人怎么玩，A总是获胜的。不妨把右起第10张牌、第20张牌、第30张牌、第40张牌和第50张牌叫做特殊牌。每次不管谁走，这5张特殊牌中一定有一张牌（而且也只有一张牌）被翻了过来。刚开始的时候，这5张特殊牌都是正面朝上的，翻到翻不动的时候，这5张特殊牌都变成背面朝上了，这说明在此期间一共翻过奇数次牌。如果两人是按照A, B, A, …的顺序翻牌的话，最后一次翻牌必然该轮到A，因而A无需任何策略便能保证获胜。

这个问题来自2009年国际奥林匹克数学竞赛的一道候选题。问谁必胜是这个题目的第2小问，这个题目还有第1小问：证明这个游戏必然会结束。答案也非常简单：如果把正面朝上的纸牌看作数字1，背面朝上的纸牌看作数字0的话，在游戏过程当中，整个52位二进制数是不断递减的，因此最终总会变为0。

●●●●●●●●●

6. A、B两人打算玩"拿石子"的游戏。地板上有10堆石子，各堆里面的石子数量分别为1, 2, 3, …, 10个。两个人轮流对这些石子进行操作，操作方式有两种：要么从某一堆石子中拿出一颗石子，要么把某一堆石子分成两个小堆。谁先没法继续操作了（即石子被拿完了），谁就输了。如果A先走的话，A和B谁有必胜策略？这种策略是什么？

A是必胜的。事实上，我们会证明一个更一般的结论：只要开局满足下列两个条件之一，A就是必胜的：(1)只含一颗石子的有奇数堆；(2)含有偶数颗石子的有奇数堆。这种形式的棋局对于A是有利的，因为"有奇数堆"意味着至少有一堆，A总能继续往下走。A的策略就是，把当前的棋局变为上述条件均不满足的棋局，即只含一颗石子的以及含有偶数颗石子的都是偶数堆。这总是可以办到的。A所面对的局势可以分成以下三类。

(1) 只含一颗石子的有奇数堆，含有偶数颗石子的有偶数堆。这样的话，我们把其中一个只含一颗石子的堆拿走就行了。只含一颗石子的堆数会减1，从而变成偶数；同时，含有偶数颗石子的堆数也仍然保持偶数不变。

(2) 只含一颗石子的有偶数堆，含有偶数颗石子的有奇数堆。如果能找到某个恰好含有两颗石子的堆，那就把它分成两堆，每堆各一颗石子；如果所有含有偶数颗石子的堆都含有两颗以上的石子，那就从中任选一堆，拿走其中一颗石子。这样一来，只含一颗石子的堆数会加2或者不变，因而仍然是偶数；含有偶数颗石子的堆数则会减1，从而变成了偶数。

(3) 只含一颗石子的有奇数堆，含有偶数颗石子的也有奇数堆。如果能找到某个恰好含有两颗石子的堆，那就从中拿走一颗石子；如果所有含有偶数颗石子的堆都含有两颗以上的石子，那就从中任选一堆，把它分成1加上某个大于1的奇数。这样一来，只含一颗石子的堆数会加1，因而变成了偶数；含有偶数颗石子的堆数则会减1，也变成了偶数。

于是，A留给B的局势将会满足这样的条件：只含一颗石子的有偶数堆，并且含有偶数颗石子的也有偶数堆。B有以下四种选择。

(1) 选择某一个只含一颗石子的堆，把这颗石子拿走。这样的话，只含一颗石子的堆数就变成奇数了。

(2) 选择某一个含有偶数颗石子的堆，把其中一颗石子拿走。这样的话，只含偶数颗石子的堆数就变成奇数了。

(3) 选择某一个含有偶数颗石子的堆，把它拆成两堆石子，每一堆各含奇数颗石子。这样的话，只含偶数颗石子的堆数就减少了1，从而变成了奇数。

(4) 选择某一个含有偶数颗石子的堆，把它拆成两堆石子，每一堆各含偶数颗石子。这样的话，只含偶数颗石子的堆数就增加了1，从而变成了奇数。

不管怎样，局势又回到了对于A来说有利的情形：要么只含一颗石子的有奇数堆，要么含有偶数颗石子的有奇数堆（或者两者同时满足）。于是，A可以继续让B面对不利的情形，并且逼迫B把棋局变成有利于A的形势。不断这样下去，A将会始终面对有路可走的棋局，从而保证不会输掉。

这个问题来自2006年意大利全国奥林匹克数学竞赛中的第6题。

上面所有的游戏都属于博弈论当中的同一类游戏，它们有三个共同特征：首先，游戏当中的信息是完全透明的，每个人都知道对方可以怎么走，结果会怎么样（这就排除了军棋、干瞪眼之类的游戏）；另外，下一步可以怎么走与下一步是谁走没有关系，换句话说我能以哪些方式操作哪些棋子，你就能以哪些方式操作哪些棋子（这就排除了象棋、五子棋之类的游戏）；最后，整个游戏必然会在有限步之后结束，谁先没走的了谁就输了。在博弈论中，这类游戏就叫做"无偏博弈"（impartial game）。

在无偏博弈中，如果对于某个棋局状态，谁遇到了它谁就有办法必胜，我们就把它叫做"必胜态"；如果对于某个棋局状态，谁遇到了它对手就会有办法必胜，我们就把它叫做"必败态"。根据定义可以立即判断出，那些不能走的状态就是必败态了。从这些必败态出发，我们可以按照下面两条规则，自底向上地推出其他所有状态的性质：有办法走到必败态的状态就是必胜态，只能走到必胜态的状态就是必败态。最终，我们总会得出初始状态的性质：它要么是必胜的，要么是必败的。因而，我们从理论上证明了，在一切无偏博弈中，总有一个玩家有必胜策略。

如果博弈游戏不是无偏的，情况就复杂多了。让我们来看三个这样的例子。

●●●●●●●●●

7. 有100枚面值不全相同的硬币摆成一排，A、B两个人轮流选择从最左边或者最右边取走一枚硬币。最终，每个人手里将会各有50枚硬币。规定，谁手中的硬币价值总和更大，谁就获胜（注意，这个游戏可能会有平局发生）。如果A先开始取硬币的话，A能保证至少不输给B吗？

答案：A可以保证至少不输给B。把左起第1, 3, 5, 7, …, 99枚硬币叫做奇数位置上的硬币，把其他硬币叫做偶数位置上的硬币。如果奇数位置上的硬币价值之和大于偶数位置上的硬币价值之和，那么A就只拿奇数位置上的硬币（很容易看出，这是总能办到的）；类似地，如果奇数位置上的硬币价值之和小于偶数位置上的硬币价值之和，那么A就始终拿偶数位置上的硬币。如果两种硬币的价值之和相等，那么随便瞄准一种硬币，从而以平局结束游戏。

●●●●●●●●●

8. A、B两人轮流从1、2、3、4、5、6、7、8、9当中取数，取过的数不能再取。谁手中攒到了三个加起来等于15的数，谁就获胜了。如果所有九个数都被选完了，但两人手中都找不到和为15的三个数，则游戏以平局结束。如果A先走的话，A有必胜策略吗？

这里举个具体的例子。比方说，A先选了5，然后B选了9，然后A选了4。由于4+5+6=15，因此B为了避免A获胜，不得不把6选走。此时，A再选择3，他就锁定胜局了。因为3+5+7=15，所以B为了阻止A获胜，必须要把7选走。于是，A选择8便能获胜了，因为他手中将会出现加起来是15的三个数——3、4、8。

答案是，A没有必胜策略。A最多只能做到不输给B，但若两人都采用最佳策略的话，最终将会是平局。从1到9当中选出三个不重复的数，使得它们的和为15，这一共有8种情况：

1+5+9=15

1+6+8=15

2+4+9=15

2+5+8=15

2+6+7=15

3+4+8=15

3+5+7=15

4+5+6=15

神奇的是，我们可以把1到9这九个数字填入一个3×3的方阵，使得每一行上的三个数之和、每一列上的三个数之和以及两条对角线上的三个数之和都是15，而且它们恰好既无重复又无遗漏地包含了上述8种情况（这就是数字问题一章中提到的"幻方"）。于是，整个游戏完全等价于在这个方阵中玩井字棋游戏！众所周知，井字棋游戏是没有必胜策略的，因而在原来的游戏中，A也是没有必胜策略的。

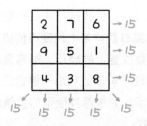

虽然这个游戏没有必胜策略，但总有胜算最大的策略吧。这就直接归结为了这么一个问题：在井字棋游戏中，先行者怎么走最好？我曾经写过一个小程序来分析这个问题，但不管怎么调试，这个程序总会输出一个十分可笑的答案——第一步走在角上最好。我在程序代码中反复查错，始终没发现哪里有问题，最后突然意识到，我的程序或许并无任何错误，真正出错的是我自己的直觉。实际情况正是如此——在井字棋游戏中，开局占领一个角的胜算真的是最大的！

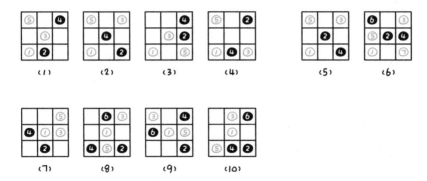

假设现在A占了井字棋棋盘最左下角的那个位置,那么B只要不走正中间都会必输无疑,如图(1)至图(4)所示。如果B占住了正中间的话,A应该怎样应对呢?最好的方法就是占据右上角的位置。此时,B的下一步将会有两种本质不同的选择:占角或者占边。前者基本上相当于自杀,如图(5)所示;后者则会导致平局的发生,如图(6)所示。假设每一步B都是随机走子的话,走到图(6)这种情况的概率为(1/8)×(4/6),约为8.33%。这说明,如果A第一步走在角上的话,他的胜算超过90%!维基百科上有一张构思非常巧妙的图,一次性地展现出了先行者的一个完整的最优策略:

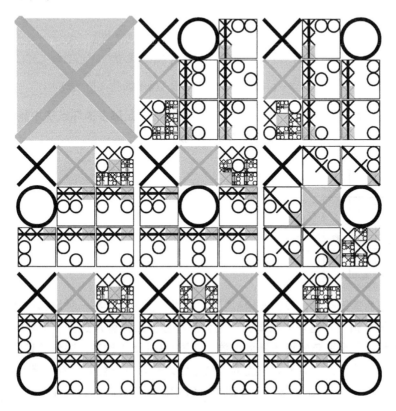

当然，"每一步对方都是随机走的"这个假设并不合理。面对A第一步占角的走法，理智的人总会想要占领中间的格子。考虑到这一点的话，胜算或许不到50%。仔细思考，你会发现，如果你第一步占领了中间的话，胜算是可以达到50%的。图(7)所示的棋局表明，如果你第一步走中间，而对手不小心走到了边上，那么他就完了。在实战中，这个陷阱可能更隐蔽一些。剩下的三个图表明，对手走角之后，棋局将以平局结束。

说了这么多，到底怎样的策略才是最佳策略，还是由你自己来判断吧。

●●●●●●●●

9. 考虑这样一个双人对弈游戏：在一个8×8的方阵里分别填上1到64这64个正整数（不一定按顺序填写）。然后A、B两个人轮流在格子中取数，A先取，B后取。取数的规则很简单：取过的数不能再取，并且除了第一次以外，以后每次取的数必须与某个已经取过的格子相邻（两个格子相邻的意思，就是这两个格子有公共边）。所有数都取完后，手中的数总和更大的人获胜。

很显然，这个游戏对A更有利一些。我们可以轻易构造一个初始状态，使得A有必胜策略。比方说，如果每次A都可以取走整个棋盘中最大的那个数，那A就赢定了（因为每次B接下来取的数都比A小）。这样的初始状态是很容易构造出来的，比如我们只需要从左往右从上至下依次填入1到64这64个数就可以了，这可以保证如果大于等于n的所有数都取走了，则$n-1$也可以被取走。

现在的问题是，能否构造一个初始状态，使得B反而拥有必胜策略？

解决这道题需要有超强的"整人"能力。你得想出足够多的坏点子才能找到把A弄死的方法。你的心肠坏到足以解决这个问题吗？

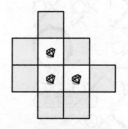

解决问题的关键在于，我们要给A埋下"陷阱"。考虑这样一种局部构造：奇数个大数彼此相连，这些大数周围一圈全是小数。上图就是这样一个陷阱，钻石代表大数，其余蓝色的格子都是小数。只要A从外面走过来，踩到了某个蓝色格子，他就中计了：B和A开始轮流取大数，但大数只有奇数个，因此B获得的大数会比A多一个。为了让事情变得更简单，我们只考虑最简单的一种陷阱：里面的大数只有一个。我们还有几个难点：万一A开局就把陷阱内的钻石取走咋办，又如何避免B自己掉进陷阱里，最后还得保证B从这些陷阱里赚到的足以弥补在其他地方的损失。容易想到，我们至少得布上三个陷阱，才有足够多的陷阱对A起作用，这样A可以在最能赚的陷阱里开局，但无法避免落入另外两个陷阱。为了不让B自己掉进陷阱里，我们可以把棋盘的其余部分划分为一个个1×2的小长方形，这样的话不管A取哪一个格子，B总可以取对应的另一个格子，因而不会踩到陷阱。同时，每个陷阱所包含的格子总数必须都是偶数，这样B才能保持他始终处于主动地位。于是我们想到了下面的这个构造。

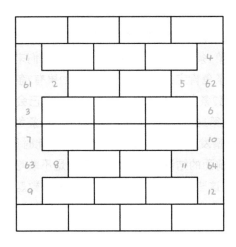

我们在四个陷阱里分别填上(1, 2, 3, 61)、(4, 5, 6, 62)、(7, 8, 9, 63)、(10, 11, 12, 64)这四组数，每个1×2的小长方形里填上两个相邻的数，即从(13, 14)一直填到(59, 60)。这样的话，A的最好策略就是从第一个陷阱里开始取数。两人如果都采用最佳策略的话，A会取走61，B会取走3，A会取走2，B会取走1，最终A从第一个陷阱里赚到了(61+2)-(1+3)=59分。但是，A将在其他陷阱里分别丢掉(62+4)-(5+6)=55分、(63+7)-(8+9)=53分、(64+10)-(11+12)=51分。而1×2的小长方形一共只有24个，A最多只能捡24分回来，这是远远不够的。于是，B就必然获胜了。

在博弈论当中，我们经常还会研究一些更加复杂的问题。

• • • • • • • • •

10. "总有一条更大的鱼"（Always a Bigger Fish）不但是电影情节中的经典桥段，也是各种恶搞的灵感来源——小鱼总是被大鱼吃掉，而大鱼上面始终还有更大的鱼。久而久之，聪明的大鱼或许就不会去吃小鱼了，否则按照传统剧情，它身后会出现一条更大的鱼。一个有趣的问题出现了：倘若所有的鱼都是理性的，那会出现怎样的情况呢？

让我们把问题重新叙述一下。假设有10条鱼，它们从小到大依次编号为1，2，…，10。我们规定，吃鱼必须要严格按顺序执行。也就是说，大鱼只能吃比自己小一级的鱼，不能越级吃更小的鱼；并且只有等到第k条鱼吃了第$k-1$条鱼后，第$k+1$条鱼才能吃第k条鱼。第1条鱼则啥都不能吃，只有被吃的份儿。我们假设，如果有小鱼吃的话，大鱼肯定不会放过；但是，保全性命的优先级显然更高，在吃小鱼之前，大鱼得先保证自己不会被吃掉才行。假设每条鱼都是无限聪明的（并且它们也都知道这一点，并且它们也都知道它知道这一点……），那么第1条鱼能存活下来吗？

答案：不能。事实上，如果鱼的总数是奇数，第1条鱼将会存活下来；如果鱼的总数是偶数，则第2条鱼将会吃掉第1条鱼。为了证明这一点，让我们来考虑一些简单的情况。如果只有1条鱼，这条鱼肯定会活得自由自在；如果有2条鱼的话，第2条鱼将会吃掉第1条鱼，因为第2条鱼是无敌的，它不用担心自己会被吃掉。如果有3条鱼的话，第2条鱼不能吃第1条鱼，否则情况将化为只有2条鱼的情形，它将会被第3条鱼吃掉。有趣的事情发生在一共有4条鱼的时候，此时第2条鱼可以大胆地吃掉第1条鱼，因为根据前面的结论，它知道第3条鱼是不敢吃它的……以此类推，当鱼的总数是奇数时，这些鱼将会和平相处；当鱼的总数是偶数时，第1条鱼将会被第2条鱼吃掉，然后情况就化为了奇数条鱼时的稳定状态。

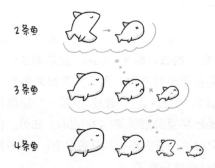

上一章提到的"共识"概念在这类博弈问题当中也起到了重要的作用。可以想象，在现实情况下，我们不保证每条鱼都是最聪明的。即使这些鱼都是最聪明的，我们也不保证每条鱼都知道这一点，等等。这都会导致推理无法成立。

*The Bottle Imp*是苏格兰作家Robert Louis Stevenson的一则短篇小说，我很喜欢用它来说明理想情况下的博弈与现实情况下的博弈之间的区别。某日，小说里的主人公遇上了一个怪老头。怪老头拿出一个瓶子，说你可以买走这个瓶子，瓶子里的妖怪就能满足你的各种愿望；但同时，持有这个瓶子会让你死后入地狱永受炼

狱之苦，唯一的解法就是把这个瓶子以一个更低的价格卖给别人。如果你是小说里的主人公，你会不会买下这个瓶子呢？你会以什么价格买下这个瓶子呢？

以什么价格买入这个瓶子，这个问题貌似并不容易回答。你当然不愿意花太多的钱，否则你可能会觉得不值；但你也不能花太少的钱，否则你会承担着卖不出去的风险。但是，在做出一些理性的分析后，我们得出了一个惊人的结论：任何人都不应该以任何价格购买这个瓶子。

和刚才的博弈问题一样，这一系列的分析首先从最简单的情形开始。首先，你是绝对不能只出1分钱就买下这个瓶子的，因为这样的话这个瓶子就永远也卖不出去了——没有比1分钱更低的金额了。那么，用2分钱买这个瓶子呢？这貌似是可行的，但仔细一推敲你会发现还是有问题——这样你就只能以1分钱卖掉这个瓶子，但没有人会愿意用1分钱买瓶子（否则他就卖不掉了）。因此，用2分钱买下瓶子后，你同样找不到下一个买家。和上面的推理一样，用3分钱买这个瓶子也不是什么好主意，因为没有人愿意以1分钱或者2分钱买瓶子，因此你仍然找不到下一个买家。依此类推，你不应该以任何价钱去购买这个瓶子，因为每个人都知道，他无法以任何价格卖掉这个瓶子。

这个推理的结论显然和我们的生活直觉是相反的——花十几万块钱去买这个瓶子，怎么想也不至于是死路一条。但上述严格的推理为什么会得到一个如此荒谬的结论呢？这是因为，这个推理假设了每个人都会做最优的决策，并且这一点成为了共识。但现实生活中，这个假设明显不成立。或许每个人都绝顶聪明，但这一点并不是所有人都知道；即使所有人都知道，也不是所有人都知道所有人都知道。这就是所谓的不完全信息，它会对整个游戏的结果造成根本性的影响——谁也不知道，有没有傻子来打破上面那个卖不出去的推理链条。

其实，就连"每个人都不想死"的假设也很可能是错误的。可能会出现一些对许愿瓶上了瘾，根本不在乎入地狱的人。他或许不相信有地狱，或许已经犯过不可饶恕的滔天大罪，觉得自己反正都得下地狱。还有这么一种可能：有人发现即使用1分钱买下了这个瓶子，也不是完全无解——你可以把瓶子卖到其他国家去。由于汇率的原因，在其他国家里你或许能找到比1分钱更低的价格。这样卖瓶子是否合法并不重要，只要有人相信它是合法的就够了。这样的人的存在，或者有人相信有这样的人存在，或者有人相信有人相信有这样的人存在，都足以打破上面的那个推理链条。

听一个朋友说，他在某堂经济学课上玩了一个非常有趣的游戏，那堂课的教授通过这个游戏完美地诠释了"不完全信息"对博弈的影响。教授叫每个人在小纸条上写一个不超过100的正整数，然后交给助教。助教当场统计所有同学所写的数的平均值，并约定所写的数最接近平均值的2/3的同学将在期末考试中获得额外的加分（如果有多个这样的同学，则这些同学都获得加分）。例如，若所有同学所写的数平均值为44，那么如果有人写下了29，这些人都将在期末得到加分。如果是你，你打算写多少？

我们来看看，如果前面那个"人人都是聪明人"等一系列假设成立，最后的结果是什么。首先，你有理由猜测，大家所写的数随机分布在1到100之间，平均值大约在50上下。这样的话，你写下50的2/3，即33，应该是最合理的。且慢！不只是你，其他人当然也都想到了这一点，他们都会发现写下33是更好的选择。这样，你写下22便成了一个更好的选择。不过，其他人也会和你一样想到这一步，于是写下15便成了一个更好的选择……这样推下去，最后的结果是，所有人都会发现写下数字1是最好的结果。而事实上，这个结果也确实是最好的——在这种情况下所有人都将获胜，每个人都能得到期末加分。

能上这课的人固然不笨，并且大家或许也都清楚这一点。更有意思的是，后来的调查发现，当时的课堂上有很大一部分人以前就知道这个游戏，并且见过上面的分析。但真正敢写"1"的人几乎没有，因为信息是不透明的，你不知道别人能够想到多远，也不知道有没有写100的大傻子，也不知道有没有内鬼，等等。

● ● ● ● ● ● ● ● ●

11. 某家航空公司把两个行李箱搞丢了。这两个行李箱里装的东西完全相同，但却属于A、B两名不同的旅客。航空公司派出一名经理，与这两名旅客协商赔偿事宜。经理向这两名旅客解释说，航空公司方面无法为丢失的行李箱估价，因此需要让两名旅客各自独立地写下一个2到100之间的正整数（包括2和100），表示自己对行李箱的估价，单位是元。如果这两名旅客写下的数完全相同，航空公司方面就认为这是行李箱的真实价值，并按照这个数目对两名旅客进行赔付。但是，如果其中一名旅客写下的数比另一名旅客更低，那么航空公司方面将会认为，前者的估价是真实的。航空公司将按照这个估价对两名旅客进行赔付，但报出此价的旅客会多得2元作为奖励，另一名旅客则会少得2元，作为估价过高的惩罚。举个例子：若A、B两人分别估价50元和40元，则A将会获得38元，B将会获得42元。

如果两名旅客都是绝对理性的，并且上述所有条件都已经成为这两名旅客的共识。那么，这两名旅客将会写下怎样的数呢？

如果你是第一次听说这个问题的话，你肯定不会相信这个问题的答案：最终结果是，两个人都只估价2元。为什么呢？

容易想到，对于这两个人来说，最好的结局便是两人都估价100元，这样一来，两个人都会得到100元钱。然而，其中一个人肯定会动一下歪脑筋："如果对方估价100元，我估价99元，那么航空公司会认为我是诚实的，我就可以得到101元了，而对方只能得到97元。"另一个人其实也想到了这一点，因而两个人会不约而同地写下99元，其结果就是，两个人各得99元。有趣的是，如果两个人都想到了对方也会写下99元，那么每个人都会发现，把自己的估价重新提高到100元是无益的，但是把自己的估价减小到98元，会让自己的收益从99元提高到100元。结果，两个人都会把估价改为98元。总之，两个人都意识到了这一点：不管对方报多少钱，我比对方少报1元总是最佳的选择。于是，这种恶性的心理战将会一直持续下去，直到每个人都推出，自己应该把估价从3元改为2元。到了这一步，两人终于不再有争斗，于是就得到了刚才所说的答案。

这个有趣的问题最早是由印度经济学家Kaushik Basu在1994年的时候提出来的，我们把它叫做"旅客困境"（traveler's dilemma）。旅客困境和本章前面提到的囚徒困境一样，都阐述了这样一种现象：如果决策者都是绝对理性的，最终的结果有可能对大家都不利。事实上，如果把旅客困境稍微修改一下，规定两名旅客只能写下"2元"或者"3元"，那么整个博弈游戏就和囚徒困境完全一样了：都写下"3元"就都得3元，都写下"2元"就都得2元，若是一个写"3元"一个写"2元"的话，则前者只得0元，后者可以得4元；于是，每个人都会发现，不管对方写的是多少，自己把"3元"改成"2元"会让自己多得1到2元。结果，两人就不约而同地写下了"2元"。这其实是一个最不好的结局。

类似的博弈现象还有很多。比方说，让10个人玩一个这样的游戏：给每个人都发100元钱，然后每个人都可以选择捐出一部分钱；筹到的捐款将会用于投资，最后将会收回双倍的钱，并且均分给所有人（即使大家出的钱不一样多）。最好的结局固然是，每个人都捐出全部的100元，最终每个人都会收回200元。但是，理性的决策者会这么想："如果我只出99元钱，那么用于投资的基金就只有999元，最后大家将会获得1998元的回报，每个人都会分得199.8元；但是，别忘了我手里还有1元，因此最终加在一块儿，我不就有200.8元了吗？事实上，如果我干脆一分钱也不出，我就能坐享180元的回报，我手里将会拥有280元！"如果每个人都是绝对理性的，那么每个人都会发现，自己比别人出的少，总能让自己更赚一些。最后的结果竟然是，每个人都不愿意拿出一分钱！

在生活当中，这样的现象也很多，比方说中小学生补课的问题。最好的情况应该是，每个学校都不补课，这既保证了公平性，又减轻了孩子的负担。然而，每个学校都会想，如果别的学校不补课，我们学校哪怕只补一个小时，我们就赚到了。当然，等到所有学校都意识到这一点后，每个学校都会争着再多补一个小时。其结果就是，每个学校都在没完没了地补课，于是就有了这样的悲惨现状。

Kaushik Basu提出的"旅客困境"，最大的价值就是把这种"理性的决策导致不可理喻的结果"的现象放到了最大。在博弈论中，如果玩家都作好决策并把所作的决策公之于众后，每个玩家都发现，单方面地修改自己的决策不会让自己更赚，我们就把此时众人的决策叫做一个"纳什均衡"（Nash equilibrium）。这是以美国数学家约翰·纳什（John Nash）的名字命名的，看过电影《美丽心灵》（A Beautiful Mind）的朋友应该对这个名字非常熟悉。我们往往会假设，如果某个博弈游戏存在唯一的纳什均衡，那么对于一群绝对自私并且绝对理性的玩家来说，这个纳什均衡就是最终的结局。旅客困境问题大胆地对这一观点发起了挑战。在旅客困境游戏中，"每个人都写2元"就是唯一的纳什均衡，按道理来说，这应该纯理性决策的最终结果。但是，这与人们的直觉以及现实的情况都相差太远了。2005年，Tilman Becker、Michael Carter和Jörg Naeve组织博弈论学会的成员玩了一次旅客困境游戏。这本应该是一群非常精于博弈分析的玩家，结果45个人当中只有3个人写下了"2元"。84.4%的人写下了大于等于90的数，其中写下"97元"、"98元"、"99元"、"100元"的分别有6人、9人、3人和10人；并且，所有人提交的结果两两相比之后，写下"97元"的人平均获利最多，大约为85元，写下"2元"的人平均获利则最少，只有3.9元。理论和现实的矛盾如此突出，以至于人们开始思考，纳什均衡真的能代表理性决策的结果吗？更进一步地问，究竟什么叫做"理性的决策"？

也就是说，最终每个人都会写下"2元"，仅仅是在"纳什均衡能代表理性决策的结果"这一假设下得到的。后来，数学家还为"理性"下了很多不同的定义。在不同的定义下，同一个博弈游戏的理论结果可能不同，有一些或许会更容易让人接受。例如，2011年，Joseph Halpern和Rafael Pass就提出用"最小遗憾"（regret minimization）来作为理性决策的标准。所谓一个决策的"遗憾度"，就是知道了对方的策略实际上是什么以后，最坏情况下会有多后悔。比方说，如果我写下了"50元"，后来发现对方写的是"40元"，于是我只得到38元。那么我心里会想："要是刚才我写的是39元就好了，这样我就可以得到41元，能比我现在多得3元。"但是，这还不是最坏的情况。最坏的情况就是，后来发现对方写的竟然是100元，于是我只得到52元。我肯定会后悔死："要是刚才我写的是99元就好了，这样我就可以得到101元，能比我现在多得49元。"这个"49元"就是我写下"50元"之后的遗憾度。那么，在所有可能的决策中，遗憾度最小的决策是什么呢？遗憾度最小的决策有5个，分别是"96元"、"97元"、"98元"、"99元"和"100元"，可以验证，它们的遗憾度都是3。你会发现，如果把"理性的决策"定义为"使得遗憾度达到最小的决策",结果会非常符合实际!

下面这个问题叫做"海盗分金问题",想必很多人都听说过,我们就纯粹当作是回顾经典了吧。

●●●●●●●●●

12. 有5个海盗,不妨给他们依次编号为1、2、3、4、5。其中,5号海盗的级别最高,其次是4号海盗、3号海盗、2号海盗,1号海盗的级别最低。现在,他们要确定100块金子的分配方案,规则如下:首先,由级别最高的海盗提出一种方案,然后所有海盗(包括他自己)举手表决,如果得票数大于等于当前总人数的一半,则通过并执行该分配方案;否则,提出这个方案的海盗会被扔进海里,于是级别次高的海盗将会变成级别最高的海盗,接下来将会由他继续提出分配方案,众人继续表决。游戏就这样不断进行下去,直到剩下的海盗能通过某个方案为止。

我们假设每个海盗的决策目标都是一致的:首先想要活命,然后在能活命的前提下得到尽可能多的金块;最后,这些海盗是残忍的,在能活命并且反正也只能得这么多金块的情况下,每个人都会更愿意把其他人弄死。

假设所有海盗都是无限聪明的,并且上述所有条件都已经成为所有海盗的共识。那么,5号海盗会提出怎样的分配方案呢?

如果你是第一次看到这个问题,你一定会惊讶地发现,5号海盗竟然能够安全地给自己分这么多金块。5号海盗的最优分配方案是,给第1号到第5号海盗分别分配1, 0, 1, 0, 98个金块。

为什么呢?我们的分析思路和刚才的"大鱼吃小鱼"问题类似。如果只有1个海盗的话,他把所有的金块都给自己,然后自己投票赞成就行了。如果有2个海盗呢?2号海盗会把所有的金块都分给自己,虽然1号海盗会反对,但2号自己投票赞成,票数仍然能过半。如果有3个海盗呢?3号海盗提案时就要有技巧了。首先,他只凭借自己的力量肯定没法存活,因而肯定要想办法再争取一票;另外,不管3号海盗怎么分,2号海盗肯定投反对票,因为把3号弄死之后,根据刚才的讨论,2号就能独揽所有的金块了。所以,3号需要想办法让1号支持他。怎么做呢?很简单,3号提议给1号1个金块,给自己99个金块就行了。聪明的1号海盗会很知趣地支持3号,因为如果3号死了,只剩2个海盗的话,根据刚才的讨论,他就什么也得不到了。这样,3号就会得到1号的以及自己的一票,从而安全存活。类似地,假如有4个海盗的话,4号海盗就应该花1个金块去贿赂只有3个海盗的情况下分文不得的海盗,因而4号海盗应该提出0, 1, 0, 99的分配方案,如果2号海盗识相的话，他会二话不说地投赞成票。这样，4号就会得到2号的以及自己的一票，于是就安全了。那么，5个海盗呢？5号海盗要想活下来的话，需要至少三票；除了自己的一票以外，他还需要再弄两票来。正好在只有4个海盗的情况下，1号和3号海盗什么也得不到。因此，5号海盗就应该去贿赂1号海盗和3号海盗，这就有了我们刚才所说的答案：1, 0, 1, 0, 98。

这个谜题简直是所有博弈问题当中最经典的问题了，没有之一。这个问题最初是怎么来的呢？根据已有资料来看，这个问题第一次出镜的地方应该是数学科普作家伊恩·斯图尔特（Ian Stewart）在1999年5月的《科学美国人》上所写的文章。文中提到，这个谜题是他从Steve Omohundro那儿听来的。

在同一篇文章里，伊恩·斯图尔特讨论了海盗数量更多时的情况，这恐怕就很少有人知道了。

5个海盗分100个金块不难，100个海盗分100个金块也不难，事实上200个海盗分100个金块也不成问题。有趣的事情发生在第201个海盗身上——为了保命，他连一块金子都不能拿。他不得不把所有100块金子全都分给前面199个人中奇数编号的人，从而贿赂他们投赞成票。加上自己的一票共101票，票数就过半了。同样地，第202个海盗也必须把100块金子全都分给在201号海盗的方案中什么也得不到的人，贿赂他们投赞成票。由于201号海盗的方案中有101个海盗得不到任何东西（包括201号自己），因此202号海盗的分配方案不再唯一。加上自己的票共101票，正好是202的一半，这样一来他也活下来了。当问题扩展到203个海盗时，情况有了戏剧性的变化——第203个海盗无论如何都会死！因为只有100块金子，根本不够他用来贿赂，他无论如何也只能得到101票（别忘了题目条件假设海盗在自身利益相同的情况下会选择杀死更多的人）。真正最神奇的就是第204个海盗了，虽然他也只能贿赂到100票，但是他居然活下来了！你猜他怎么活的？哈哈，这是因为203号海盗无论如何都会投他一票，否则等轮到他自己时就完了！因此第204个海盗把100个金块分给在202号的方案中一定得不到任何金块的人，加上203号海盗的票和自己的票一共102票，这才活了下来。类似地，你会发现第205个海盗必死。第206个海盗虽然会得到205号海盗的支持，但是票数仍然不够。第207个海盗虽然会得到205号、206号的支持，但是票数仍然不够。208号将得到205号、206号、207号的支持，加上自己的一票和贿赂来的100票，正好活了。再往后，海盗数为216, 232, 264, …, $200+2^n$的情况下，最先分金的都能活下来；其他情况下，最先分金的都会死掉。

最后，让我们来看三个开放性的问题吧。

●●●●●●●●●

13. 故事发生在一个遥远的神秘世界。在那里，人们可以制造出不同等级的毒药。这种毒药是致命的，唯一的解药则是更强的毒药。若不幸中毒，只要及时喝下更强的毒药就没事了，否则不管是谁都会在10分钟之内死亡。

一天，恶魔向国王发起挑战，看谁拥有最毒的毒药。这是一场死亡竞赛，比赛规则很简单：双方各带一瓶毒药，先把对方瓶中的毒药喝掉一半，然后再把毒药换回来，把自己的毒药喝完。10分钟后，活下来的人便赢得这次比赛。恶魔藏有世上已知的最毒的毒药。国王知道自己无论如何也造不出比那更强的毒药来，并且也知道比赛时恶魔用的就是他那瓶绝无仅有的毒药。国王有办法赢得比赛吗？

国王有办法赢得比赛。在比赛开始前，国王先制造一个药性很弱的毒药，把它喝掉，然后拿着一瓶白开水去比赛。比赛时，国王喝了半瓶恶魔手中的无敌毒药后反而没事了，恶魔喝的则是半瓶白开水。然后，两人交换药瓶，国王喝掉自己的白开水，恶魔喝掉自己的无敌毒药。结果呢，即使他还想找解药都找不着了……因为他那瓶毒药已经是世上最厉害的了。

当然故事并没有结束。我们还可以再多设想一下：如果恶魔在国王身边安插了间谍，知道了国王的伎俩，他会怎么做呢？恶魔是可以破解这个伎俩的。一个简单的办法是，在上战场前他也喝点弱毒药。这样下来，两个人最终都能活下来，谁也弄不死谁。恶魔还有一个更绝的办法：赛前什么都不喝，比赛时也带着一瓶白开水上去，于是双方在比赛过程中都喝不到半点毒药，国王将被他比赛前喝掉的那点毒药害死！

●●●●●●●●●

14. A、B两队正在打足球比赛。根据之前的积分，A队必须要赢B队两球才能获胜，但现在A只赢了B一球。还有一分钟比赛就要结束了，如果你是A队的教练，你打算怎么办？

答案：让A队的队员把球射入自己的球门，故意打平，从而获得加时赛的机会！

当然，人们设计足球赛制时考虑得还是非常全面的。正因为会出现这样的情况，所以在真实的足球赛制中，小组循环赛里通常都不会安排加时赛，比赛结束后完全靠积分决定出线资格，即使积分相同也会想尽办法用别的数据来分出高下。然而，并不是所有的足球赛制都考虑了这么多东西，因而题目当中的事情真的有可能发生！

事实上，这样的事情也确实发生过。1994年1月27日是当年加勒比海杯小组赛的最后一场，由巴巴多斯对战格林纳达。当时，主办方希望每一场比赛都有胜负之分，于是规定，若两队打平则进入加时赛，并且引入黄金进球：加时赛中的首粒进球将会立即让进球一方获胜。更有意思的是，主办方还制定了一个有趣的规则：在积分榜上，这粒黄金进球会被算作两粒进球。而当时的积分情况则是，巴巴多斯必须要赢格林纳达至少两球才能出线。

比赛进行得很顺利，巴巴多斯很快拿到了两球的领先优势。第83分钟，格林纳达踢进一球，于是局势发生了逆转。巴巴多斯拼命想要进球，但屡遭失败。在第87分钟，终于出现了足球史上十分罕见的一幕：巴巴多斯的后卫和守门员之间互传了几个球，然后故意让球进了自家大门！

事情还没有结束。格林纳达很快明白了，巴巴多斯是想进入加时赛，并且指望着靠那粒金球获胜。此时的情形非常有意思：格林纳达既可以把比分扳成3∶2，正常地取胜；也能学着对方自摆乌龙，从而避免进入加时赛（这样虽然会输掉这场比赛，但却仍然能出线）。接下来的3分钟可以说是整个足球史上最离奇的3分钟：格林纳达向两个球门同时发起攻击，而巴巴多斯的前锋和后卫都在防守！

最后的结局是，巴巴多斯守住了球门，顺利进入了加时赛，并且真的打入了制胜的金球，最终成功出线。

●●●●●●●●●

15. 22位参赛者集中在一个阴森的大厅里，参加一个叫做"少数决"的游戏。游戏规则很有意思：主办方随机抽取一个人到台上来，向众人问一个二选一的问题，比如"你相信上帝吗？"（稍后大家便会发现，问题本身的内容并不重要。）每个人手里都会得到两张选票，两张选票上都印有自己的名字，但其中一张纸上印有"YES"，另一张纸上印有"NO"。游戏者们有6个小时的时间进行交流和考虑，并要在时间结束前将自己的选择投入投票箱。时间结束后，主办方进行唱票，并规定票数较少的那一方取胜，多数派将全部被淘汰。获胜的选手将进行新一轮的游戏，主办方从剩下的人中重新选一位进行提问，并要求大家在6个小时内投票，唱票后仍然宣布少数派胜出。若某次投票后双方人数相等，则该轮游戏无效，继续下一轮。游戏一直进行下去，直到最后只剩下一人或两人为止（只剩两人时显然已无法分出胜负）。所有被淘汰的人都必须缴纳罚金，这些罚金将作为奖金分给最后的获胜者。

这个游戏有很多科学的地方，其中最有趣的地方就是，简单的结盟策略将变得彻底无效。如果游戏是多数人获胜，那你只要能成功说服其中11个人和你一起组队（并承诺最后将平分奖金），你们12个人便可以保证获胜。但在这里，票数少的那一方才算获胜，这个办法显然就不行了。因此，欺诈和诡辩将成为这个游戏中的最终手段。如果你是这22个参赛者中的其中一个，你会怎么做呢？

其实，仔细思考后你会发现，结盟策略也是可行的。事实上，如果你能成功找到7个相信你的人和你结盟，那恭喜你，你们百分之百地获胜了。在游戏的第一轮中，你安排你们8个人中4个人投YES，4个人投NO，因此无论如何，在这一轮结束后总有你们队的4个人存活下来。第一轮游戏的最坏情况是10：12胜出，因此存活下来的人中最多还有6个不是你们队的人。在第二轮比赛中，让你们队仍然存活的4个人中2个人投YES，另外2个人投NO。因此这一轮结束后总有你们队的2个人留下来。这一轮游戏的最坏情况是4：6胜出，这意味着剩下的人中最多还有2个不是你们队的人。最后一轮中，你们队的那2个人一个投YES，另一个投NO，这就可以保证获胜了。只要另外2个人是未经商量随机投票的，总会有一个时候他们俩恰好都投到一边去了，于是最终的胜出者永远是你们队的人。比赛结束后，胜出者按约定与队伍里的另外7人平分奖金，完成整个协议。

当然，这是一个充满欺诈和谎言的游戏。你无法确定你们队的7个人是否都是好人，会不会在拿到奖金之后逃之夭夭。同时，你自己也可以想方设法使自己存活到最后，在拿到奖金以后突然翻脸不认人，使自己的收益最大化。不过，成功骗7个人相信你很容易，但要保证自己能留到最后就很难了。不过，还有一种阴险狡诈的做法，可以保证你能揣走全部的奖金！当然前提是，你能成功骗过所有人，让大家都相信你。

首先，找7个人和你一起秘密地组一支队伍，把上述策略给大伙儿说。然后，再找另外7个人和你秘密地组建另一支队伍，并跟他们也部署好上面所说的必胜策略。现在不是应该还剩下7个人吗？把剩的这7个人也拉过来，秘密地组成第三支8人小队。现在的情况是这样，你成功地组建了三支8人小队，让每个人都坚信自己身在一个将要利用必胜法齐心协力获胜并平分奖金的队伍里。除了你自己，大家都不知道还有其他队伍存在。在第一轮游戏中，你指使每个队伍里的其中3个人跟你一块儿投YES，其余的人都投NO。这样下来，投YES的一共就有10票，NO有12票，于是你和每个队伍里除你之外的另外3个人获胜。下一轮游戏中，你指使每个队伍里的其中1个人跟你一块儿投YES，其他人都投NO，这样YES就有4票，NO有6票，你再次胜出。最后，你自己投YES，并叫其他人都投NO，这就保证了自己可以胜出。拿到奖金后，突然翻脸不认人，背叛所有人，逃之夭夭。

上面所说的游戏及其策略都来自于甲斐谷忍所作漫画《欺诈游戏》里的剧情。这个漫画后来被拍成同名电视剧，由户田惠梨香主演。

··

"策略问题"只是一个通俗的说法，"算法问题"才是一个更加恰当的说法。中学时苦苦钻研信息学竞赛，注定将是我人生最难忘的经历之一。在那段时间里，我第一次听说了"算法"这个词，并且有机会接触了大量经典的算法问题。我从中选择了32个自认为最漂亮的问题，希望能让大家体会到算法的魅力。

• • • • • • • • •

1. 将一个人的眼睛蒙上，然后在他前面的桌子上摆放52张扑克牌，并告诉他里面恰好有10张牌是正面朝上的。要求他把所有牌分成两堆，使得这两堆牌里正面朝上的牌的张数一样多。他应该怎么做？

首先把扑克牌分成两堆，一堆10张，一堆42张。当然，那10张正面朝上的牌并不见得正好都在小的那一堆里，不过很容易看出，小的那一堆里有多少背面朝上的，大的那一堆里就会有多少正面朝上的。因此，最后只需把小的那一堆里的所有牌全部翻过来，目的就达成了。

• • • • • • • • •

2. 某种药方要求非常严格，你每天需要同时服用A、B两种药片各一粒，不能多也不能少。这种药非常贵，你不希望有任何一点的浪费。一天，你打开装药片A的药瓶，倒出一粒药片放在手心；然后打开另一个药瓶，但不小心倒出了两粒药片。现在，你手心上有一粒药片A，两粒药片B，并且你无法区别哪个是A，哪个是B。你如何才能严格遵循药方服用药片，并且不能有任何的浪费？

再取出一粒药片A，也放在手心上，因而你的手心上就有两片A和两片B了。把手上的每一片药都切成两半，分成两堆摆放。现在，每一堆药片恰好包含两个半片的A和两个半片的B。一天服用其中一堆即可。

• • • • • • • • •

3. A、B两人分别在两座岛上。B生病了，A有B所需要的药。C有一艘小船和一个可以上锁的箱子。C愿意在A和B之间运东西，但东西只能放在箱子里。只要箱子没被上锁，C都会偷走箱子里的东西，不管箱子里有什么。如果A和B各自有一把锁和只能开自己那把锁的钥匙，A应该如何把东西安全递交给B？

首先A把药放进箱子，用自己的锁把箱子锁上。B拿到箱子后，再在箱子上加一把自己的锁。箱子运回A后，A取下自己的锁。箱子再运到B手中时，B取下自己的锁，获得药物。

这是应用密码学中一个非常有用的技巧，它可以用于很多协议问题，比方说抛硬币问题。如果A、B两人远隔千里，他们怎样才能采用抛掷硬币的方法来解决争端？当然，A可以自己先抛掷，然后把结果告诉B，不过前提是B必须要能完全相信A才行。如果两人互相之间都不信任，我们还有办法吗？其中一种办法是，A先准备两个盒子，每个盒子里各放一张纸条，上面分别写着"正面"和"反面"。然后，A在两个盒子上各加一把锁，并把这两个盒子都寄给B。当B收到这两个盒子后，他显然没法判断出哪个盒子装着"正面"，哪个盒子装着"反面"，只好随机选择一个盒子。这个盒子里面的字就表示抛掷硬币的结果。B把这个盒子回寄给A，然后让A来公布结果。B怎么知道A是否诚实地公布了结果呢？很简单，B手里不是还有另外一个盒子吗？B可以向A索要另外一个盒子的钥匙，然后把它打开来，看看里面装的是否是另一种结果就行了。

不过，这个协议有一个巨大的漏洞：A可以在寄盒子之前，在两个盒子里都装进"正面"，然后不管B寄回来的是哪个盒子，都骗他说"你选中的是反面"。那怎么办呢？于是，刚才的递药方法就派上用场了。B选完盒子以后，在这个盒子上再加一把自己的锁，然后把盒子寄回给A。A收到盒子后，发现自己没法改动盒子里的内容，只好解开自己的锁，把盒子再寄给B。最后，B打开盒子，看到里面写的是什么，从而得出硬币抛掷的结果。B应当把这张纸条寄给A，让A知晓硬币抛掷的结果，并让A验证这张纸条确实是A当初自己写的那张；然后，A也应当把另一个盒子的钥匙寄给B，让B验证这两个盒子里的纸条确实是一张"正面"一张"反面"。

●●●●●●●●●

4. 我的班上有50个学生，他们的学号分别是1，2，3，…，50。一次数学考试结束后，大家都交完试卷离开了考场。我清点试卷时发现，手里竟然只有49张卷子。究竟是谁没有交卷呢？我手边没有纸和笔，我也不想把所有卷子按照学号重新排序。我希望不借助任何工具，仅仅通过依次查看每张卷子上写的学号，便能找出缺失的那个学号。我的记忆力很有限，没法记住之前到底看到过哪些学号；不过，作为一个数学老师，我拥有非常强的计算能力。我怎样才能找出没交卷的那位同学的学号？

首先算出1到50这50个数之和，它等于1275。然后从1275这个数开始，不断减去看到的学号，最后剩下的数就是缺失的那个学号。

让我们把这个问题稍稍扩展一下。如果有两个缺失的学号，我该怎么办呢？有人或许会想到，算出1到50这50个数的和，再算出1到50这50个数的积。以后每看到一个数，就从和里面减掉这个数，从积里面除掉这个数。最后我便能求出剩余两个数的和与积，就能解出这两个数各是多少了。这个方法不太可行，毕竟从1乘到50将会得到一个65位数，即使计算机也很难直接处理。更好的办法则是，算出1到50这50个数的和，再算出1到50这50个数的平方和。以后每看到一个数，就从和里面减掉这个数，从平方和里面减掉这个数的平方。最后我便能求出剩余两个数的和与平方和，就能解出这两个数各是多少了。

● ● ● ● ● ● ● ●

5. 有一条通信线路，每次可以发送一个由数字0到9组成的任意长的数字串。怎样利用这条通信线路，让我可以一次给你发两个数字串？这意味着，我们需要商量一种用一个数字串表示两个数字串的方案。注意到，直接将两个数字串相连是不行的，因为这将会产生歧义。如果你收到的数字串是1234，你没法知道我发送的是数字串12和34，还是数字串123和4，抑或是1和234。

这是一个与数字通信、编码解码相关的问题，如果你之前从未接触过这个领域，相信你一定会觉得它非常有意思。

你的第一想法或许是，用数字0当作分隔符不就行了吗？其实，这仍然不能解决问题。对方收到10203之后，会弄不清楚这到底是1和203，还是102和3。那用00当分隔符呢？也不行，对方收到1002003之后，同样会弄不清楚这是什么意思。看来，用特殊数字当作分隔符的思路就死掉了。

能否把第一个数字串重复说一次呢？比如，把12和34编码为121234，这样我们就能提取出第一个数字串了呀？这样也不行，对方收到11112后就弄不清楚，我发的究竟是11和2，还是1和112了。

那么，能否把第一个数字串的位数编码进去，比如把12和34编码成21234，这样不就知道第一个数字串到哪儿截止了吗？还是不行，因为你不知道这个位数信息本身到哪儿截止。假如编码结果是123456789012345，你就不知道第一个数字串是1位还是12位了。

其实，解决这个问题的方法有很多。比方说，你可以考虑用00表示0，用01表示1，用02表示2，等等，一直到用09表示9，最后用10表示分隔符。因此，1234和5678就可以编码为010203041005060708。不过，这种编码方式的效率很低，两个4位的数字串最后竟然变成了一个18位数。有一种简单的改进方法：既然首次出现的10一定是分隔符，后一个数字串就不必再变形了，1234和5678就可以编码为01020304105678。如果和之前"写明第一个串的位数"的思路结合一下，我们还会得到一种冗余更少的编码方案：把第一个数字串的位数用这种复杂形式来表示，并以一个10来收尾，接下来依次写出两个数字串即可。因而，1234和5678就可以编码为041012345678。举个更复杂的例子吧: 12345678901234567890和12345就将会编码为:

02001012345678901234567890123345

读取编码后的数字串时,如果读到的是0?0?0?…的模式,那么我们都是在读取第一个数字串的位数;什么时候模式被打破了,出现了一个10,第一个数字串的位数也就读完了。这样,我们就能没有歧义地提出第一个数字串和第二个数字串了。

除了用升位的方法避免歧义以外,我们还有很多别的方法。例如,我们可以用01表示分隔符,然后用00表示真正的0。解码时,每读到一个0,都看看它后面跟的是什么,如果还是一个0,表明这是一个真正的0;如果是1,则表明这是一个分隔符。你会发现,刚才的编码系统还能继续改进,使得编码结果可以再少几位。12345678901234567890和12345就将会编码为:

20001123456789012345678901234 5

"200"其实就是20的意思,表示第一个数字串有20位。接下来的"01"则代表位数标记的结束。程序员可能会发现,这个数字0的作用其实就相当于计算机编程中的"转义符"。

●●●●●●●●●

6. 有一条无限向右延伸的小路,从某个位置开始,每向右走10米就会有一个洞。不妨把这些洞从左至右依次编号为1, 2, 3, …。某天半夜,有只狐狸躲进了某个洞里。接下来的每个白天,你都只允许检查一个洞(如果此时狐狸正好在这个洞里,它就被你抓住了);每个夜晚,狐狸都会跳到它右边相邻的那个洞里。你是否有办法可以保证在有限的时间里抓住狐狸?

这个问题麻烦就麻烦在,狐狸所在的位置没有一个上限。如果你始终盯着100号洞看,有可能一辈子也抓不住狐狸,因为狐狸一开始有可能就在101号洞里;如果你始终盯着1000号洞看,也有可能一辈子也抓不住狐狸,因为狐狸一开始有可能就在1001号洞里。那怎么办呢?

很简单,我们只需要按照1, 3, 5, 7, 9, 11, …的顺序依次检查这些洞就行了,换句话说第一个白天检查1号洞,第二个白天检查3号洞,第三个白天检查5号洞,以此类推。这相当于是每天依次枚举狐狸的初始位置。第一个白天,我们猜测"狐狸初始时在1号洞",于是检查一下1号洞;第二个白天,我们猜测"狐狸初始时在2号洞",但若真是这样,狐狸现在就已经到3号洞了,于是我们检查一下3号洞;第三个白天,我们猜测"狐狸初始时在3号洞",但若真是这样,狐狸现在就已经到

5号洞了，于是我们检查一下5号洞……不断这样下去，我们最终总会抓到狐狸。事实上，狐狸刚开始在第几号洞里，我们就会在第几天抓到它。

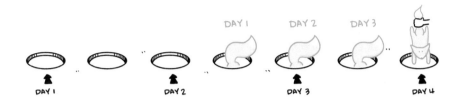

我们来把这个问题加强一下。如果狐狸每晚可以往右跳不止一个洞的距离呢？换句话说，不但狐狸的初始位置我们不知道，而且狐狸每晚向右跳的距离我们也不知道。它有可能每晚都会往右跳3个洞，也有可能每晚都会往右跳100个洞（但每晚往右跳的距离是固定不变的）。即使这样，问题也是有解的。

不妨用(x, y)来表示狐狸刚开始在编号为x的洞里，每晚都会往右跳y个洞。我们需要做的就是按照某种顺序枚举所有可能的(x, y)组合，使得每一种组合都会在有限次之后被检查到。有人或许会不假思索地说，这还不简单，我们先把所有$x=1$的情况检查一遍，再把所有$x=2$的情况检查一遍，再把所有$x=3$的情况检查一遍，以此类推，这样不行吗？仔细想想你会发现这显然不行。为了查遍所有$x=1$的情况，你需要依次检验$(1, 1)$, $(1, 2)$, $(1, 3)$, $(1, 4)$, $\cdots$，那么$(2, 1)$就永远也排不上号了。

一种可行的方法则是，先考虑所有$x+y=2$的情况，再考虑所有$x+y=3$的情况，再考虑所有$x+y=4$的情况，以此类推。也就是说，我们把狐狸的初始位置和移动速度的组合按照如下所示的方式列成一行：

$(1, 1)$, $(1, 2)$, $(2, 1)$, $(1, 3)$, $(2, 2)$, $(3, 1)$, $(1, 4)$, $(2, 3)$, $(3, 2)$, $(4, 1)$, $\cdots$

然后我们每天考虑一种情况，检查一下狐狸是否在它此时应该在的位置。这样便能保证，不管狐狸初始位置在那儿，向右跳的距离是多少，我们都会在有限步之后考虑到这种情况。

在对无穷集合的研究当中，上面这种"列举所有元素"的技巧将会起到非常关键的作用。

●●●●●●●●

7. 某个国王手下有8个大臣。国王定期主持国家会议，届时8个大臣将会间隔均匀地坐在圆桌上。每个座位前都有一盏照明灯，只有所有的灯都亮了，会议才能开始。如果有些灯没亮，国王就会下达指令，让指定位置上的大臣按下座位前的灯的开关，把没亮的灯都打开。不妨将座位从1到8顺序编号，假设其中编号为2、3、7的座位前没有亮灯。于是，国王下令这3个位置上的大臣按下各自面前的开关，把这3盏灯打开，这样才能开始会议议程。

在这8个大臣中，有一个奸臣。这次会议的议题恰好就是商讨惩治这个奸臣的办法。奸臣知道自己难逃一劫，但他希望能够无限制地拖延会议。他可以在所有大臣就座前精心设置各个照明灯的初始状态，并在国王每次下达指令之后（但在大臣执行命令之前）把圆桌旋转到一个合适的位置，让大臣们按下错误的开关。

注意，在会议结束前，奸臣仍然是8个大臣中的一员。国王每次只能列出一个或多个1到8之间的数，然后下令"座位编号在此列表当中的大臣改变各自面前的灯的状态"。奸臣可以任意旋转圆桌，改变灯与大臣的对应关系。当然，他也可以选择不旋转圆桌。即使桌子被旋转过，所有大臣也必须严格遵守国王的指令。

奸臣可以始终保证灯不会全亮，从而无限制地拖延会议吗？

奸臣是无法得逞的。不管奸臣怎样设定初始局面，如何旋转桌子，国王都能精心地下达命令，使得最终所有灯都亮。不妨让我们先从简单的例子开始。

如果大臣一共只有2个，国王肯定是必胜的。如果这2盏灯都是亮的，国王就已经获胜了；如果这2盏灯都是灭的，国王只需要下令所有大臣同时按下开关，也能立即获胜。也就是说，只要初始时2盏灯的状态是相同的，国王就能保证取胜了。如果初始时2盏灯的状态不同呢？国王可以随便叫某个人按下开关。不管奸臣是否旋转圆桌，2盏灯的状态都会变得相同，国王最迟可在下一轮获胜。

如果大臣一共有4个，国王也能获胜。首先，把每两个相对位置上的灯视为一组，这样我们就把4盏灯分成了2组。把这2组灯看作是2个"超级灯"。如果一组灯里的两个灯泡状态相同，我们就认为这盏超级灯发亮；如果这组灯里的两个灯泡状态不同，就认为这盏超级灯不亮。接下来，国王只对编号为1、2的座位下达命令，那么不管奸臣怎么旋转圆桌，每组灯里最多也只有一个灯泡改变状态。事实上，我们完全可以把现在的情形等价地想象成：

(1) 圆桌旁有4个座位，有2个大臣坐在圆桌的其中半边；
(2) 桌上有2盏超级灯，旋转圆桌半周正好让这2盏超级灯重新回到初始位置；
(3) 这2个大臣面前各有一个开关，作用就是反转他面前的超级灯的状态。

大家会发现，这本质上与只有2个大臣的情况没有任何区别。刚才说了，对于只有2个大臣的情况，国王是必胜的，因此现在，国王可以套用这个策略，让每一盏超级灯都发亮。换句话说，国王能够让位于对称位置上的每一组灯都处于相同的状态。

接下来，国王把每两个处于对称位置的座位也编为一组，于是这4个座位就被分成了(1, 3)和(2, 4)这2组。此后，国王总是成组地下达指令，叫某个人按下开关，必须要叫和他同组的另一个人也按下开关。这下，不管奸臣怎么旋转圆桌，每组灯里的灯泡状态要么同时改变，要么都不变，于是每组灯里两个灯泡的状态都继续保持相同。重新解释超级灯的状态：如果这组灯的两个灯泡都亮，就认为这盏超级灯是亮的；如果这组灯的两个灯泡都不亮，则认为这盏超级灯不亮。容易看出，这下又成了这样的情况：桌子上有2盏超级灯，分别由2组人来控制，奸臣可以旋转桌子，改变2盏超级灯与2个小组之间的对应关系。因此，国王再次套用2盏灯时的策略，便能让所有超级灯都发亮。这样，所有4个灯泡就全亮了。

好了，国王已经能对付4个大臣的情况了。实际上，我们一共有8个大臣，怎么办呢？类似地，我们把每两个关于圆桌中心对称的灯看作一组，形成4盏超级灯，然后利用只有4个大臣时的解法，把这4盏超级灯都点亮。这样，每两个位置相对的灯都将拥有相同的状态。然后，修改超级灯的定义，并且再次利用只有4个大臣时的解法，最后把所有灯全部变亮。

大家很快便能想到，有8个大臣时的策略可以继续扩展到有16个大臣时的情形，并且还能继续扩展下去，因而我们证明了，当大臣数目为1, 2, 4, 8, 16, 32, …的情况下，国王都有必胜的策略。其他情况呢？其实，在其他情况下，奸臣都是能得逞的。

首先，当大臣的总人数是奇数时，奸臣都能必胜（这里我们假设大臣的总人数总是大于1的）。奸臣只需要让初始时灯泡既不全亮也不全灭就行了（别忘了，奸臣可以在所有大臣就座前设定各个照明灯的初始状态）。如果灯泡既不全亮又不全灭，那么我们一定能找到相邻的两盏灯，它们是一亮一灭的。奸臣可以保证今后这两盏灯始终一亮一灭。如果国王对所有人都下指令，奸臣大可不必担心，这两盏灯显然仍然一亮一灭。如果国王只对一部分人下指令，那么由于总人数是奇数，因而即使国王故意间隔着选人，也将不可避免地出现两个相邻的人，他们都被叫到了或者都没被叫到。此时，奸臣旋转桌子，让那两盏灯对齐这两个人，从而保持这两盏灯仍然一亮一灭。

然后，我们来说明，只要大臣的总人数能被某个奇数整除，奸臣也是必胜的。比方说，如果大臣一共有28个，这是一个能被7整除的数，除出来的结果为4。于是，我们从某盏灯出发，每隔3盏灯选出1盏灯，从而选出间隔均等的7盏灯。调整这7盏灯的初始状态，使得它们既不全亮也不全灭。国王下达指令后，我们只关心这7盏灯所对应的人是否被叫到，并限定圆桌只能旋转4的倍数格。这样，我们便可以完全把其他灯都无视掉，对这7盏灯套用灯数为奇数时的做法，从而让这7盏灯始终不能全亮。这就足以让会议无限延期了。

所以，除非大臣人数只含有因数2，否则奸臣都是有必胜招数的。

这个问题有一个非常强大的加强版：如果国王是盲人呢？换句话说，如果国王不能看到各个灯泡的状态，他还能通过巧妙地下达指令，保证所有灯都能亮吗？注意，由于国王不能观察灯泡的状态，因而国王就没办法见机行事了。这意味着，国王必须得构造出一张既定的指令表，使得不管灯泡的初始状态是什么，不管奸臣在中间怎么捣乱，按顺序执行这些指令就一定能让所有灯都变亮。这看上去非常困难，然而出人意料的是，当大臣数目为1, 2, 4, 8, 16, 32, …时，国王仍然有必胜的策略。

我们先来看看只有2个大臣的情况。不妨假设2个大臣的编号分别为#1和#2。此时，国王只需要依次下达以下3个命令即可。

(1) #1和#2按动开关

(2) #1按动开关

(3) #1和#2按动开关

如果初始时2个灯泡都是灭的，不管奸臣怎么旋转桌子，国王都会在第1步之后获胜；如果初始时2个灯泡是一亮一灭的，不管奸臣怎么旋转桌子，国王都会在第2步或者第3步之后获胜。当然，如果初始时2个灯泡都是亮的，国王不用操作就直接获胜了。我们能不能模仿刚才的超级灯思路，把上面那个列表推广到4个大臣的情况呢？试试看吧：

(1) #1和#2按动开关

(2) #1按动开关

(3) #1和#2按动开关

(4) #1、#2、#3和#4按动开关

(5) #1和#3按动开关

(6) #1、#2、#3和#4按动开关

其中，第1步到第3步只对#1和#2下指令，目的是让每一组对称位置上的灯泡状态变得相同；第4步到第6步则对4个大臣成组地下达指令，目的是让每一组对称位置上的灯泡都变亮。但是，这个方案有一个非常严重的问题：你不知道第一阶段的目标会在哪一步实现。虽然前3步一定能实现第一阶段的目标，但对于不同的初始状态，实现目标的时刻是不一样的。对于某些初始状态，第一阶段的目标可能在第2步之后、第1步之后甚至第1步之前就已经实现了，这一阶段余下的操作反而是画蛇添足，会把已经很理想的状态破坏掉。怎么办呢？解决方法就是，在第一阶段的每个步骤后面，我们都执行一次第4步到第6步的操作！注意，由于第4步到第6步的指令都是成对下达的，因而原来每一对状态相同的灯泡将仍然保持状态相同，原来每一对状态不同的灯泡将仍然保持状态不同。因此，把第4步到第6步大量地插入到第一阶段当中，不会打乱第一阶段本来的进度。完整的命令列表如下：

(1) #1、#2、#3和#4按动开关

(2) #1和#3按动开关

(3) #1、#2、#3和#4按动开关

(4) #1和#2按动开关

(5) #1、#2、#3和#4按动开关

(6) #1和#3按动开关

(7) #1、#2、#3和#4按动开关

(8) #1按动开关

(9) #1、#2、#3和#4按动开关

(10) #1和#3按动开关

(11) #1、#2、#3和#4按动开关

(12) #1和#2按动开关

(13) #1、#2、#3和#4按动开关

(14) #1和#3按动开关

(15) #1、#2、#3和#4按动开关

这就是有4个大臣时国王的必胜策略。我们可以用类似的办法，继续把它扩展到大臣数为8, 16, 32…的情况，从而完美地解决这个问题。

下面是一个非常经典的老题目。

●●●●●●●●●●

8. 有1000个一模一样的瓶子，其中有999瓶是普通的水，有1瓶是毒药。任何喝下毒药的生物都会在一星期以内死亡。现在，你只有10只小白鼠和一星期的时间，如何检验出哪个瓶子里有毒药？

注意，只用数字"0"和数字"1"组成一个10位编码，这一共有$2^{10}=1024$种可能，这足以给每个瓶子一个唯一的编码了。比方说，我们可以给瓶子依次编码为：

0000000000

0000000001

0000000010

0000000011

0000000100

0000000101

......

1111100110

1111100111

现在，让第1只老鼠喝掉所有编码右起第1位是"1"的瓶子，让第2只老鼠喝掉所有编码右起第2位是"1"的瓶子，以此类推。一星期后，如果第1只老鼠死了，就知道毒药瓶子的编码中，右起第1位是"1"；如果第2只老鼠没死，就知道毒药瓶子的编码中，右起第2位是"0"……每只老鼠的死活都能确定出10位编码的一位，由此便可知道毒药瓶子的编码了。

我们把这种给物体编号的方式叫做"二进制编码"（其实，我们已经在博弈问题中用过这个概念了）。和我们生活中所用的十进制编码不同，二进制编码只会用到"0"和"1"这两个数字。如果我们用二进制来数数的话，我们应该遵循"逢二进一"而不是"逢十进一"的规律。有的朋友或许已经发现，这本书的每一道题目前面，都印有该题的二进制编码，其中第一题的二进制编码是00000000，最后一题的二进制编码则正好是11111111。

十进制数：0, 1, 2, 3, 4, 5, 6, 7, 8, 9, 10, 11, 12, 13, 14, 15, 16, 17, 18, …

二进制数：0, 1, 10, 11, 100, 101, 110, 111, 1000, 1001, 1010, 1011, …

当然，除了二进制编码，还有三进制、四进制等编码，而且它们也都是有用的。比方说，如果我们把原问题稍作修改，把找出毒药的期限改成两个星期（换句话说你可以做两轮实验），那么为了从1000个瓶子中找出毒药，你最少需要几只老鼠？注意，在第一轮实验中死掉的老鼠，就无法继续参与第二轮实验了。这一次，就该轮到三进制编码出场了。我们可以利用三进制编码来证明，这回只需要7只老鼠就足够了。事实上，7只老鼠足以从$3^7=2187$个瓶子中找出毒药来。首先，给这2187个瓶子进行三进制编码。

0000000

0000001

0000002

0000010

0000011

0000012

0000020

0000021

0000022

......

2222221

2222222

现在，让第1只老鼠喝掉所有编码右起第1位是"2"的瓶子，让第2只老鼠喝掉所有编码右起第2位是"2"的瓶子，以此类推。一星期之后，如果第1只老鼠死了，就知道毒药瓶子的三进制编码中，右起第1位是"2"；如果第2只老鼠没死，就知道毒药瓶子的三进制编码中，右起第2位不是"2"，只可能是"0"或者"1"……也就是说，每只死掉的老鼠都用自己的生命确定出了，在毒药的三进制编码中，自己负责的那一位是"2"；但每只活着的老鼠都只能确定，它所负责的那一位不是"2"。于是，问题就归约到了只剩一个星期时的情况。在第二轮实验里，让每只活着的老鼠继续自己未完成的任务，喝掉所有它负责的那一位是"1"的瓶子。再过一星期，毒药瓶子的三进制编码便能全部揭晓了。

当然，如果我们把两周的时间继续扩展到三周、四周的时间，利用四进制、五进制就能进一步减少所需老鼠的数量。

二进制编码在很多策略问题中都有妙用，下面几个例子我都非常喜欢。

• • • • • • • • •

9. 魔术师和他的助手正在为大家表演一个魔术。首先，魔术师转身离开舞台，由助手随机邀请一名观众，请他把桌子上的16枚硬币随意地摆成一排，每一枚硬币是正面朝上还是反面朝上都由他自己决定。然后，助手让这名观众在心里想一枚硬币，悄悄告诉助手，然后下台回到观众席。助手翻动其中一枚硬币，然后邀请魔术师再次出来。魔术师回到舞台后，观察了一下桌面上的硬币正反，就正确地指出了刚才那名观众心里所想的是哪一枚硬币。

显然，助手和魔术师事先约定了一种暗号。助手翻动其中一枚硬币，其实就是在向魔术师发送暗号。你能设计出一种发送暗号的方法，使得魔术保证成功吗？

把16枚硬币从左至右分别编码为0000, 0001, 0010, 0011, 0100, …, 1110, 1111。我们不妨颠倒一下顺序，先说一说魔术师上台以后做了什么事情。魔术师先看一看哪些硬币是正面朝上的，然后把这些硬币的编号列出来。接下来，统计各个数位上出现过多少次数字"1"，并且用数字"1"表示该数位上有奇数个"1"，用数字"0"表示该数位上有偶数个"1"，这样我们就得到了一个新的四位数。举个例子，如果编码为0010, 0100, 0101, 0111, 1110的硬币是正面朝上的，那么魔术师就列一张表，然后计算出各个数位有多少个数字"1"，并且像刚才说的那样，用一个新的四位数来表示统计结果。

0010

0100

0101

0111

1110

————

1010

统计可得，首位上的"1"有1个，第二位上的"1"有4个，第三位上的"1"有3个，第四位上的"1"有2个，也就是说这四个位置上的"1"分别有奇数个、偶数个、奇数个和偶数个，所以我们最后得到的四位数是1010。

把所得的四位数看作一个编码，它将会对应于一枚新的硬币。魔术师就宣布，这枚硬币就是刚才那位观众心里所想的硬币。

所以说，当观众选好硬币之后，助手需要做的事情就是，不管观众把硬币摆成什么样，助手都必须只改变一枚硬币的正反，使得魔术师最后算出的四位数对应的正好是观众选的那枚硬币。这是总能办到的。比如说，目前正面朝上的硬币统计起来的结果是1100，但观众想的硬币是1010，其中第二位与第三位是不相符的。于是，助手就把编号为0110的硬币翻过来，这样一来，所有正面朝上的硬币编码中，第二位上就会多一个或者少一个"1"，第三位上也会多一个或者少一个"1"（这取决于0110本来是正面朝上还是反面朝上），同时第一位和第四位上的"1"个数不变。于是统计出来的结果就从1100变成了1010，魔术师就会正确地推出观众心里想的硬币了。

●●●●●●●●

10. 有一条虫子，它的整个身体由100节构成，每一节要么是有瑕疵的⊙，要么是没有瑕疵的○。你的目标是把整个虫子变成○○○…○○的完美形式。每一次，你可以砍掉虫子最右侧的一节，同时虫子会在最左侧长出新的一节，以保持虫子的总长度不变。如果你砍掉的是一个⊙，那么你可以指定虫子在最左侧长出的是⊙还是○；但如果你砍掉的是一个○，那么你无法控制虫子会在最左侧长出什么——它可能会长出○，也可能会长出⊙，因而你不得不假定，概率总是会和你做对，上天会竭尽全力地阻挠你。我们的问题是：不管虫子的初始状态是什么，你总能保证在有限步之内让虫子变成○○○…○○吗？

注意，这个问题可能没有你想的那么简单。显然，我们必须得把一些⊙变成○，这样才能让⊙的数目逐渐减少并最终消失。但是，如果只是简单地每次都把⊙变成○，最终也不见得就一定能取胜。假如这条虫子的身长只有3节，初始状态为⊙○○，那么去掉最右边的⊙并选择在左边长出一个○，虫子会变成○○○；再把○○○右边的○去掉后，如果不巧左边自动长出的是⊙，那么整条虫子又会回到⊙○○的状态。如此反复，将永远也得不到○○○。而更加聪明的方法则是先把⊙○○变成⊙○○，下一步虫子将会变成⊙○○或者○○○，不管是哪种情况，接下来只需要逐个把⊙变成○就能获胜了。所以，为了顺利走到终点，你可能需要运用恰当的策略才行。

不管虫子一开始是什么样子的，我们总能够在有限步之内获胜。下面是Peter Winkler给出的证明。让我们把每100次连续操作视为一轮操作，因而完成一轮操作正好让虫子的整个身体更新一次。然后，我们把⊙想象成是数字"1"，把○想象成是数字"0"。于是，每一轮操作实际上相当于是从右到左依次考虑虫子的每一位，每遇到一个1时你都可以选择是否把它修改成0，每遇到一个0时它都会随机地选择不变或者变成1。我们的目标就是把虫子变成000…00的样子。

我们一轮一轮地改造虫子的身体，并且每一轮都采取这样的策略：从最右端开始，每次遇到1都把它改成0，直到第一次有0变成1；在此之后，不管新遇到的0变没变，都保留所有的1不变。如果这一轮下来后，没有0变成1，那么我们将会把所有的1都替换成0，从而得到000…00的形式，直接获得胜利；如果途中有0变成了1，那么整个虫子作为一个二进制数将会严格增加。每经过一轮后，只要虫子没有变成000…00，整个二进制数都会变得更大，最终将会变成111…11的形式，此时再也不会有0变成1了，于是按照我们的策略，在下一轮中，所有的1都会被改成0，从而获得胜利。

这个问题出自http://www.cs.cmu.edu/puzzle/puzzle37.html。

⬤⬤⬤⬤⬤⬤⬤⬤⬤

11. 书架的某一层里放了一套百科全书，整套书一共有10卷，但它们排列的顺序却是乱的。一个图书管理员想要把这套书排好顺序，也就是说他想要让书架里的书从左至右分别是第1, 2, 3, …, 10卷。他给这套书排序的办法是这样的：不断取出一本原应放在更左边的书，插进它该在的位置。比方说，某本书的卷号是3，它却排在左起第5的位置，因而它的目标位置在它的左侧。图书管理员就可以把这本书拿出来，插入到当前左起第2本书的右边，把那些占了它位置的书挤到更右边去，而不管这一操作是否会破坏掉已经就位的书。注意，这种排序法很可能捡了芝麻，丢了西瓜，为了一本书的位置而破坏掉一连串原已排好的书。因而，图书管理员有可能永远也没法给书排好序。我们的问题是，对于百分之多少的初始顺序，这样的排序法最终一定能实现排序，不管图书管理员是如何操作的？

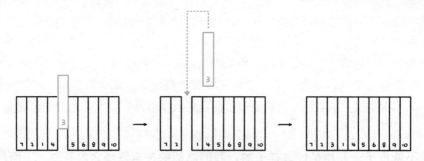

答案是，该方法对于100%的初始序列都有效。也就是说，这种看上去明显有漏洞的排序法竟然是一种正确的排序算法——对于任意一个初始序列，采用这种方法总能让序列最终变得有序。为了证明这一点，我们按照如下方式把序列编码为10位的二进制数：哪些位置上的书是正确的，哪些位置上就是数字1，其他位置上就是数字0。序列7, 2, 1, 4, 3, 5, 6, 8, 9, 10就会被编码为0101000111，因为在这10本书当中，只有左起第2, 4, 8, 9, 10这几个位置上的书是正确的。

如果某一次操作中，图书管理员把第i卷书左移到了第i个位置，你会发现前$i-1$个位置原来是啥样现在还是啥样，因而编码的前$i-1$位是不变的。但是，编码的第i位却从0变成1了。这就意味着，任意一次操作总会让整个二进制编码变大。而容易看出，只要序列不是有序的，图书管理员总有可以操作的对象，因此序列编码将不断增加，最终将变成111…11。此时所有书都在它应该在的位置上，整个序列也就有序了。

注意，上面的证明过程用到了一个非常重要的条件：我们只能把书往左边移。大家肯定想问，如果我们也能把书往右移呢？换句话说，如果图书管理员每次可以选择任意一本不在原位的书，并把它放进它应该在的位置，而并不总是选择那些目标位置位于当前位置左侧的书呢？这样的排序方法还能保证最终总会让这排书变得有序吗？

答案竟然再一次是肯定的——这种方法最终依然会让所有序列变得有序。为了证明这一点，只需要注意到，只要序列不是有序的，图书管理员总能找到合法的操作。如果序列始终不会变得有序，图书管理员就能无限地操作下去，最终整个序列必然会与之前的某个状态发生重复。我们来证明，这是不可能发生的。

让我们来看一看，如果序列真的回到了之前的某个状态，将会有什么矛盾产生。假设在这个循环当中的某一步里，图书管理员取出了第i卷。无妨假设它被放到了更右边的某个位置。由于这是一个循环，因此在某个时候它又跑回到了左边。

这说明，图书管理员一定取出了一本卷号比i更大的书，比如说第j卷，然后把它放到了第i卷的右边，从而把第i卷挤到左边去了。当然，第j卷本身最终也会跑回左边的，因而还有卷号更大的书被放到了更右边。那么，整个循环里所有被右移过的书当中，一定有一本是卷号最大的书，它怎么才能回到左边呢？于是矛盾就产生了。这说明，图书管理员不管怎么操作，序列都不会与之前发生重复。因而，序列最终必然将会走到完全有序的状态。

这个问题出自Michael Brand的谜题网站2010年1月的谜题。他的谜题网站是http://brand.site.co.il/riddles/usingyourhead.html。

啊，说到排序问题了！

●●●●●●●●●

12. 电脑上的某个文本编辑器里写有987654321这9个连续的数字。每一次，你可以选中一个或者多个连续的数字，把它剪切下来，再粘贴到一个新的位置上。比如说，你可以把987654321变成984321765，再变成984217365。为了把987654321变成123456789，显然8次剪切粘贴操作是可以做到的（依次把1、2、3、4、5、6、7、8剪切粘贴到正确的位置即可）。所需要的剪切粘贴操作还可以更少吗？

事实上，只需要5次剪切粘贴操作就可以了。其中一种方法是：每一次把数字9后面那一段的正中间两个数字拿出来，插入到数字9前面那一段的正中间；当数字9后面的数被移动完了后，把它前面8个数左右两半对换一下就行了。具体的操作方法如下：

(1) 9876[54]321 → [54]9876321

(2) 54987[63]21 → 5[63]498721

(3) 563498[72]1 → 56[72]34981

(4) 5672349[81] → 567[81]2349

(5) 5678[1234]9 → [1234]56789

剪切粘贴的次数还能更少吗？我们可以证明，5次操作已经是最少的了。对于数列中位置相邻的两个数，如果前面那个数比后面的大，我们就把它俩称作一处"逆序相邻数"。初始时，数列中有8处这样的逆序相邻数，我们的目标就是通过剪切粘贴把这个数目减少到0。整个证明过程的关键就在于，一次剪切粘贴操作最多只能消除2处逆序相邻数。

❑ 原数列：……aA——Bb……CD……

❑ 新数列：……ab……CA——BD……

假如我们把A——B插入到CD中间。注意到，相邻数发生变动的地方只有3处。要想同时消除3处逆序相邻数，只有一种可能：原数列中a>A，B>b，C>D，同时新数列中的a<b，C<A，B<D。这将导出一个很荒谬的结论：A<a<b<B<D<C<A。这告诉我们，一次剪切粘贴同时消除3处逆序相邻数是不可能的，它最多只能消除2处逆序相邻数。另外，容易看出，第一次移动只能消除1处逆序的相邻数，因为初始时原数列完全逆序，即有a>A>B>b>C>D，在新数列中只有C<A成立。对称地，最后一次移动也只可能消除1处逆序相邻数，因为在新数列中有a<b<C<A<B<D，在原数列中只有B>b是成立的。

因而，4次剪切粘贴操作最多只能消除1+2+2+1=6处逆序相邻数，这是不够的。5次剪切粘贴操作可以消除1+2+2+2+1=8处逆序相邻数，正好足够。

那么，为了把序列n, n-1, n-2, …, 2, 1变得有序，我们需要多少次剪切粘贴的操作呢？根据上面的分析可以看出，当n≥3时，我们至少需要⌈(n+1)/2⌉次操作，其中符号⌈x⌉表示不小于x的最小整数。另一方面，当n≥3时，不管n是多少，⌈(n+1)/2⌉次操作都是足够的。对于n为奇数的情况，我们只需要套用刚才n=9的方法，即可用⌈(n+1)/2⌉次操作完成排序；对于n为偶数的情况，只需要用n/2次操作把前面n-1个元素排好序，再花一次操作把末一个元素移动到最前面，加起来正好⌈(n+1)/2⌉次操作。因而，这个问题就被我们完美地解决了。

故事并没有结束。人们曾经理所当然地以为，所有数全都逆序的情况自然是排序起来最费力的情况。用计算机对所有n≤10的情况进行验证，结果似乎也是这样。但是，在2001年，Henrik Eriksson、Kimmo Eriksson、Johan Karlander、Lars Svensson和Johan Wästlund合写了一篇文章，指出了一些非常违反直觉的现象。根据刚才的结论，序列

    13, 12, 11, 10, 9, 8, 7, 6, 5, 4, 3, 2, 1

只需要7次剪切粘贴操作就能完成排序，但是序列

    4, 3, 2, 1, 5, 13, 12, 11, 10, 9, 8, 7, 6

却必须要用8次剪切粘贴操作才能完成排序！类似地，序列

    15, 14, 13, 12, 11, 10, 9, 8, 7, 6, 5, 4, 3, 2, 1

只需要8次剪切粘贴操作就能完成排序，但是序列

    4, 3, 2, 1, 5, 15, 14, 13, 12, 11, 10, 9, 8, 7, 6

却必须要用9次剪切粘贴操作才能完成排序！换句话说，当n比较大的时候，全逆序的情况并不见得是最坏的情况，我们有可能精心构造某种其他的初始排列顺序，使得对其进行排序所需的剪切粘贴次数比全逆序的情况更多！

●●●●●●●●●

13. 给你一个由$1, 2, 3, \cdots, n$这n个数字构成的随机排列，你的任务是给这些数从小到大排序。你每次可以交换两个数的位置。有趣的事情来了：我们假设，互不相干的若干个交换操作可以同时进行；换句话说，如果任意两个交换操作都不会涉及同一个数，那么所有这些交换操作都可以一并完成。例如，在数列$1, 3, 5, 7, 2, 4, 6$当中，我们可以同时交换第4个数和第6个数，第1个数和第3个数，以及第2个数和第7个数。经过这一次"并行交换"后，数列变为$5, 6, 1, 4, 2, 7, 3$。

神奇的是，不管初始时的序列是什么样的，两次并行交换总能让序列变得有序。这是怎么办到的？

让我们先来看一个小问题：如何用两次并行交换把$2, 3, 4, \cdots, n\text{-}1, n, 1$变成$1, 2, 3, 4, \cdots, n\text{-}1, n$。换句话说，如果2占了1该在的位置，3又占了2应该在的位置，……，n占了$n\text{-}1$的位置，最后1又占了n本该在的位置，那么怎样用两次并行交换让所有数"顺次挪动一位"。首先，我们把整个序列的第一个数和最后一个数交换一下，把第二个数和倒数第二个数交换一下，以此类推。于是，整个序列就被完全逆序了。

$$2, 3, 4, 5, \cdots, n\text{-}2, n\text{-}1, n, 1 \rightarrow 1, n, n\text{-}1, n\text{-}2, \cdots, 5, 4, 3, 2$$

接下来，将得到的序列的后面$n\text{-}1$位再逆序一次，于是数列就变成了

$$1, n, n\text{-}1, n\text{-}2, \cdots, 5, 4, 3, 2 \rightarrow 1, 2, 3, 4, 5, \cdots, n\text{-}2, n\text{-}1, n$$

这样，我们就可以只用两次并行交换实现"循环移动一位"了。

到这里，我们离最终的答案已经很近很近了。最关键的一点是，这个"循环移动一位"可以是广义的。换句话说，只要是"数字1应该到现在4的位置上去，而4又该移到7的位置上去，7则本该在现在2的位置上，而2又该移动到现在数字1的位置上去"这一类的"圈"，我们都可以用上面的方法在两步以内还原为应有的顺序。然而，如果不断考察每个数都应该在什么位置，最后得到的必然会是一个个不相交的"圈"，这样，我们的问题也就立即解决了。

举个例子，我们来看看，如何用两次并行交换对$4, 2, 5, 1, 7, 8, 10, 9, 6, 11, 3$进行排序。这个序列包含了三个"圈"，一个是$1 \rightarrow 4 \rightarrow 1$，一个是$6 \rightarrow 8 \rightarrow 9 \rightarrow 6$，一个是$3 \rightarrow 5 \rightarrow 7 \rightarrow 10 \rightarrow 11 \rightarrow 3$（注意，数字2已经就位了，因而不在任何一个"圈"

里）。也就是说，我们要把(1, 4)变成(4, 1)，同时把(6, 8, 9)变成(9, 6, 8)，同时把(3, 5, 7, 10, 11)变成(11, 3, 5, 7, 10)。在第一步，我们交换1和4、6和9、3和11、5和10，把每一个"圈"都逆序一下，如下所示。

4, 2, 5, 1, 7, 8, 10, 9, 6, 11, 3 → 1, 2, 10, 4, 7, 8, 5, 6, 9, 3, 11

现在，各个"圈"就变成了(4, 1)、(9, 8, 6)、(11, 10, 7, 5, 3)。在第二步，我们交换8和6、10和3、7和5。第一个"圈"本来就已经完成变换了，这一步并行交换后，后两个"圈"将会变换为(9, 6, 8)和(11, 3, 5, 7, 10)，也都达到了目标状态。整个序列将会变得有序，如下所示。

1, 2, 10, 4, 7, 8, 5, 6, 9, 3, 11 → 1, 2, 3, 4, 5, 6, 7, 8, 9, 10, 11

同时，我们可以证明，对于很多序列来说，两次并行交换也是必需的。考虑到一次并行交换只能变动偶数个数的位置，因此我们只需要弄出一个有奇数个数不在正确位置上的排列就可以了。对于所有$n \geq 3$的情况，这总是可以办到的，例如数列2, 3, 1, 4, 5, 6, 7, …, n（仅让最前面的1、2、3这三个数位置顺次挪一位）就可以了。这样的话，我们要不然就无法处理完所有要移动的数，要不然就会动到已经在目标位置上的数，总之一次并行交换是怎么也不能满足要求的。

这个问题来自IBM Ponder This趣题站上1999年4月的趣题。每次说到这个问题的时候，我总会立即想起动画片*Futurama*的第6季第10集*The Prisoner of Benda*。在这一集中，教授Farnsworth发明了一种"心灵对换机"，它可以把两个人的思想互相对换，使得A的大脑跑进B的身体里，而B的大脑则跑进A的身体里。Farnsworth和Amy都想得到对方的身体，便成为了这台机器的第一对实验者。等到他们爽够了想换回来后，Farnsworth才发现，已经互换过大脑的两个身体不能再次进行大脑对换操作。但这并不表示两个人完全没有希望回到自己的身体里——Farnsworth突然想到，或许可以用第三者作为一个临时的大脑储存空间，从而实现间接对换。正巧机器人Bender进了实验室，于是（身为Amy的）Farnsworth和Bender又坐上了机器，这下Farnsworth的大脑便跑到Bender身体里了，而Bender的大脑则进了Amy的身体里。此时Farnsworth才意识到，引入一个第三者是不够的——再让（身为Bender的）Farnsworth和（身为Farnsworth的）Amy互换大脑，可以让Farnsworth恢复原状，但同时Amy的大脑会跑到Bender的身体里去；这样Bender和Amy的身体正好颠倒了，而他们却已不能再次使用机器。换句话说，要想恢复两个换位了的大脑，可能要引入不止一个新的人。大家很容易联想到一个更加一般的问题：给定n个人以及他们之前使用"心灵对换机"的记录，至少得引入多少个新的人，才能让所有人的大脑都"物归原主"呢？

等会儿等会儿，有人或许会嚷嚷着说，后来怎么了？故事还没讲完呢！后来呀，故事情节越来越复杂，最后一群人换来换去，出现了9个大脑位置错乱的人。最后，在两个新躯体的帮助下，用了13次对换，完成了所有的还原工作。最神的是，编剧们在剧中给出了一般情况下问题的答案：事实上，不管n是多少，不管现状有多混乱，引入两个新的身体总是足够的。在剧中，这个结论的证明过程写在了一个黑板上，而且编剧毫无顾忌地给了黑板一个特写——上面写的真的就是这个结论的证明！

这个证明是构造性的。我们下面就会给出一种引入两具躯体还原所有大脑的策略。你会发现，它的思想与刚才的并行交换问题非常相似。为了避免混淆，我们下面约定，所有的大写字母代表的都是身体的编号。让我们首先从这堆大脑位置错乱的人中找出一个"圈"，比方说A的大脑应该给B，B的大脑应该给C，C的大脑应该给D，D的大脑应该给E，最后E的大脑应该给A。不妨把两个新的身体分别叫做X和Y。然后，X和A先换一下脑，Y和B再换一下脑。现在，A、B两具身体的大脑分别是X的和Y的，X、Y两具身体的大脑分别是B的和C的。接下来，Y再和C换一下脑，从而把C给复原了，同时取出了D的大脑；Y再和D换一下脑，从而把D给复原了，同时取出了E的大脑；Y再和E换一下脑，从而把E给复原了，同时取出了A的大脑。现在，Y和A互换一下大脑，X和B互换一下大脑，于是这个圈里的所有人都复原了。可以看到，上面所有的对换操作均发生在原来的人与两个新人之间，而且所有操作都没有重复。

容易想到，不管现状有多混乱，最终总能被分解成若干个互不相交的"圈"。X、Y只需要像刚才那样，再依次把其他的"圈"都矫正过来就行了。注意，我们自始至终从没关心过X、Y本身的大脑状况。事实上，确实有可能发生这样的问题：当这两具身体成功地复原了所有的"圈"以后，两者自己的大脑却颠倒了。没关系，我们只需要让他俩再对换一次大脑即可。

●●●●●●●●●

14. 有8个小球，假设它们的重量各不相同。我们想要将这8个小球按照重量从小到大排序。你每次可以选择两个小球，把它们放在天平的两端，天平会告诉你哪个小球更重，哪个小球更轻。想一种办法使得只用17次天平就能完成任务。当然，在运气最好的情况下，使用7次天平就能解决问题；但在这里，我们需要寻找一种策略，使得最坏情况下使用17次天平也是足够的。

为了给这8个小球的重量排序，一个最笨的办法就是，每两个小球之间都比一下重量。这样，我们一共会使用28次天平。要想把使用天平的次数降低到17次，这看上去似乎非常困难，然而在计算机算法领域中，很多成熟的排序算法都能直接达成17次这一目标。下面介绍的就是大名鼎鼎的"归并排序"（mergesort）。

我们先来研究一个看似无关的问题吧。操场上站着A、B两队人，每个队伍里都有10个人，并且每个队伍都已经从矮到高排好了序，矮的站前面，高的站后面。怎样把他们合成一个队伍，使得新的队伍仍然是从矮到高排序的？其中一种方法如下。在所有人当中，最矮的那个人只有可能在A队里最矮的人和B队里最矮的人之间产生。所以，我们先让A队最前面的人和B队最前面的人比一下身高，把更矮的那个人拎出来另起一队，不妨管它叫做C队。现在，A、B两队当中，其中一队就只剩9个人了，另一队里仍然有10个人。容易看出，在剩下的人当中，最矮的那个人始终只可能来自于这两个队伍的排头。因此，我们不断比较A、B两个队伍的排头，并把其中更矮的那个人移到C队的队尾。直到A、B两队中的某一个队伍空了，就把另一个队剩下的人全部接到C队的队尾即可。容易看出，在最坏情况下，我们会一直比到其中一个队伍变空，同时另外一个队伍仅剩1人的情况，此时我们一共会做19次比较。根据同样的道理，如果我们已经得到了a个小球的轻重顺序，又得到了另外b个小球的轻重顺序，最多只需要再用$a+b-1$次天平，就能得到这$a+b$个小球的轻重顺序了。

不断套用这种"归并"的方法，原来的问题就解决了。不妨假设这8个小球的编号分别为A、B、C、D、E、F、G、H。把这8个小球分成(A, B), (C, D), (E, F), (G, H)共4组，然后把每一组里的两个小球都放在天平上比一下重量。现在，你已经使用了4次天平。由于A和B谁轻谁重已经知道了，C和D谁轻谁重已经知道了，因此最多再用3次天平就给A、B、C、D排好顺序了。类似地，由于E和F谁轻谁重已经知道了，G和H谁轻谁重已经知道了，因此最多再用3次天平就能给E、F、G、H排好顺序了。最后，由于A、B、C、D已经按照轻重关系排好顺序了，E、F、G、H也已经按照轻重关系排好顺序了，我们最多再用7次天平就能把它们合并成一个完整的轻重序列。因此，我们最多使用17次天平就能完成全部的排序工作了。

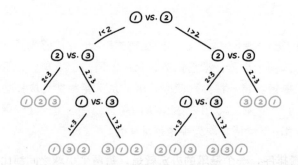

一些简单的分析可以告诉我们，给8个小球排序，至少需要使用16次天平才行。任何一种给小球排序的策略，本质上就是上图那样的树状图。8个小球的顺序一共有8×7×6×5×4×3×2×1=40 320种不同的可能，但每用一次天平只能产生两条分支，因而使用15次天平最多只能得到2^{15}=32 768个分支，这不足以区分40 320种情况。所以，只用15次天平是不够的。2^{16}=65 536>40 320，这表明至少需要使用16次天平才行。

一个有趣的问题出现了：我们给出了一种只用17次天平的排序法，我们又证明了至少需要用到16次天平才能完成排序，那么究竟是排序用到的天平次数还能向下改进，还是结论中的天平使用次数下限还能向上改进呢？1959年，Lester Ford Jr.和Selmer Johnson给出了一种新的排序策略，可以只用16次天平完成8个小球的排序工作，从而完美地回答了刚才的问题。不过，这种排序方案非常复杂，我们就不再介绍了。

一般地，给n个小球排序最少需要用到几次天平，这个问题目前还没有一个统一的解决方法。

啊，我们又说到称重问题了！

● ● ● ● ● ● ● ●

15. 大家应该听说过称硬币的问题吧。9枚硬币当中有8枚是真币，有1枚是假币。所有的真币重量都相同，假币的重量则稍重一些。怎样利用一架天平两次就找出哪一枚硬币是假币？方法是，先把9枚硬币分成三组，每组各3枚硬币。然后，把第一组放在天平左边，把第二组放在天平右边。如果天平向左倾斜，说明假币在第一组里；如果天平向右倾斜，说明假币在第二组里；如果天平平衡，说明假币在剩下的第三组里。现在，假币的嫌疑范围就被缩小到3枚硬币之中了。选择其中2枚硬币分放在天平左右两侧。类似地，如果天平左倾，就说明左边那枚硬币是假的；如果天平右倾，就说明右边那枚硬币是假的；如果天平平衡，就说明没放上去的那枚硬币是假的。

好了，我们真正想问的其实是这个问题的一个加强版：仍然是要在9枚硬币当中寻找1枚假币，仍然已经知道假币要比真币稍重一些，仍然只能使用天平两次；但是这一次，你所使用的是一种电子天平，它不会立即告诉你现在是哪边重哪边轻，而是在你两次称完后把这两次的结果一并打印给你。这下，你就没法根据天平的反馈结果随机应变了。那么，你该怎么办？

你的第一步应该和刚才一样，仍然是把9枚硬币均分成三组，把第一组放在天平左边，把第二组放在天平右边。妙就妙在第二步。我们的原计划是，哪一组里有假币，就在哪一组里选出2枚硬币分放在天平两侧。但是，由于没有及时的反馈，我们根本就不知道哪一组里有假币，这该怎么办呢？其实，我们根本不用管哪一组里有假币，从每一组里都选2枚硬币放上去就行了，反正另外两组硬币都是真的，放上去了不会有什么影响。也就是说，如果第一步放在天平左右两侧的硬币编号分别是1、2、3和4、5、6，那么第二步放在天平左右两侧的硬币编号就应该是1、4、7和2、5、8。如果事后天平告诉我，第一次称完左边更重一些，那么我就知道了假币一定在1、2、3当中，于是第二次左边更重就说明1是假币，第二次右边更重就说明2是假币，第二次天平平衡就说明3是假币，而第二次天平上的4、7、5、8其实都是来"陪称"的。

这种方案还有另外一种解释。如下图所示，把9枚硬币摆成三行三列：

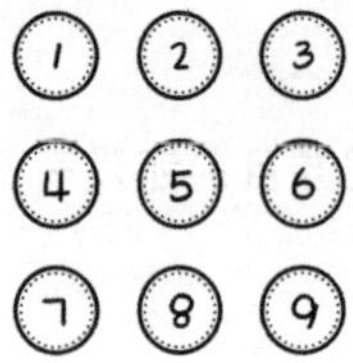

在第一轮里，我们把第一行的硬币放到天平左边去，把第二行的硬币放到天平右边去；在第二轮里，我们把第一列的硬币放到天平左边去，把第二列的硬币放到天平右边去。之后，天平将把这两轮称重的结果告诉我们，本质上就相当于告诉了我们假币在第几行第几列，于是我们就能锁定假币的编号了。

其实，这个问题只是称硬币问题的上百种变形中最简单的一种。早在20世纪40年代，称硬币问题及其各种变形就已经吸引了一大批数学家和数学爱好者，经典的12硬币问题也是那个时候开始兴起的。这确实是一类非常让人着迷的问题，甚至有人建议把这个问题扔到德国去，以削弱德国人在第二次世界大战中的战斗力。

我特地从各种称硬币问题当中选取了两个非典型的称硬币问题，供大家欣赏。

●●●●●●●●●

16. 有100枚硬币，其中有99枚是真币，有1枚是假币。所有的真币重量都相同，假币的重量则稍有差异，但你不知道是偏重了还是偏轻了。每一次，你可以选择任意数量的硬币，把其中一些放在天平的左边，把另外一些放在天平的右边，然后观察天平是左偏、右偏还是平衡。想办法只称两次来判断假币是偏轻的还是偏重的（你不需要把假币找出来）。

首先，选49枚硬币放在天平左边，再选49枚硬币放在天平右边。如果天平是平衡的，那么目前天平上的所有硬币都是真的，假币一定在剩下的2枚硬币之中。把这2枚硬币放在天平左边，再选2枚硬币放在天平右边，如果左边重就说明假币是偏重的，如果左边轻就说明假币是偏轻的。

如果第一次称重的结果是不平衡的呢？这说明现在天平上的所有硬币当中有1枚是假币，没放上天平的2枚硬币则都是真币。接下来，取出较轻一侧的49枚硬币，往里面放入1枚真币，于是得到了50枚硬币。把这50枚硬币分成相等的两组，分别放在天平的两侧。如果天平平衡，说明假币在刚才偏重的那49枚硬币当中，从而说明假币是偏重的；如果天平倾斜了，就说明假币就在刚才偏轻的这49枚硬币当中，从而说明假币是偏轻的。

显然，只称一次是不可能完成任务的，因此上述方案已经达到最优，不能再改进了。

●●●●●●●●●

17. 你有14枚硬币，其中7枚是真币，重量都是10克，另外7枚是假币，重量都是9.99克。你不知道哪些硬币是真币，哪些硬币是假币，即使人为鉴定也没法把它们区分开来。好在，你有一个无比精确的天平机器人。每一次，你可以选择任意数量的硬币，把其中一些放在天平的左边，把另外一些放在天平的右边，然后按动按钮。如果两边的总重量相同，天平机器人会如实反馈，并且归还所有的硬币；如果一边重一边轻的话，天平机器人会从重的那边随机选择一枚硬币吃掉，把剩下的硬币归还给你，然后告诉你刚才是哪边更重一些。 想一种策略可以保证你从这些硬币中确定出一枚真的（并且没有被吃掉的）硬币。你可以无限制地使用这台天平机器人。

从中选择四枚硬币，把它们分成两组，分别放在天平的两侧。如果机器人告诉你天平两侧一样重，那么重新选择四枚硬币并且把它们分成两组放上去，直到天平两侧的重量不相等为止。不妨把较轻一侧的两枚硬币叫做A、B，把较重一侧的两枚硬币叫做C、D。机器人会从重的那一边吃掉一枚硬币，无妨假设是D，然后把剩下的A、B、C这三枚硬币还给你。接下来，把A、B这两枚硬币分别放在天平左右。如果天平倾斜的话，就说明A、B这两枚硬币一真一假，从而说明刚才的C、D都是真的。虽然D被吃掉了，但是C还在，于是你就得到了一枚还没被吃掉的真币。

如果天平两侧一样重的话，怎么办呢？这说明A、B这两枚硬币都是假的。现在，把这两枚硬币扔掉，于是总共14枚硬币就只剩下11枚硬币了。这11枚硬币当中，真的肯定要多一些，假的肯定要少一些（实际上，有可能是7枚真币4枚假币，也有可能是6枚真币5枚假币，这取决于第一次实验时机器人吃掉的是哪种硬币）。接下来就简单了，不断地把两枚硬币分放天平两侧，直到天平两侧重量不等为止。那么，重的那一侧就是真币，可惜会被吃掉；轻的那一侧就是假币，你可以把它扔掉。这样下来，手中的硬币就少了一枚真的，少了一枚假的，剩下的硬币仍然是真的多假的少。不断这样做下去，手中的硬币越来越少，但真的硬币始终会更多一些。什么时候手里只剩下一枚硬币了，或者手中所有硬币的重量两两相等时，就说明手里这些硬币都是真的了。

这个问题选自2011年USAMTS的问题。

●●●●●●●●

18. 一幢大楼的底层有10根电线，这些电线一直延伸到大楼楼顶。你需要确定底层的10个线头和楼顶的10个线头的对应关系。你有一个电池，一个灯泡，和许多很短的导线。如何只上下楼一次就确定电线线头的对应关系？

首先，在楼下把其中四根电线连在一起，再另选三根电线连在一起，再另选两根电线连在一起，最后剩下一根电线就让它单着，这样你就把电线分成了四组，每组里面所含的电线根数分别为1、2、3、4。然后到楼顶，利用电池、灯泡等工具测出哪根线和其他所有电线都不相连，哪些线和另外一根相连，哪些线和另外两根相连，哪些线和另外三根相连，从而确定出每个线头都属于哪一组。不妨把这四组电线分别编号为(#1)、(#2, #3)、(#4, #5, #6)、(#7, #8, #9, #10)。现在，给这10根电线重新分组，把每组的第一根电线连在一起，把后三组的第二根电线连在一起，把最后两组的第三根电线连在一起，让最后一组的最后一根电线单着，于是这10根电线形成了新的四组，分别为(#1, #2, #4, #7)、(#3, #5, #8)、(#6, #9)、(#10)，注意到每组里面所含的电线根数仍然是1、2、3、4。回到楼下，拆掉原有的连接，然后像刚才那样确定出每根电线现在位于哪一组里。这样，你就知道了楼下的每根电线原来属于哪一组，现在又属于哪一组。换句话说，你就知道了楼下的每根电线分别是(#1)、(#2, #3)、(#4, #5, #6)、(#7, #8, #9, #10)当中的哪一组的第几根电线，也就能唯一地确定它的编号了。

这种识别电线的方法是由Graham和Knowlton提出的，两人在1968年申请了美国专利。Graham在一篇论文中详细对这种方法进行了分析。这种方法之所以能成，最关键的一点就是，我们成功地构造了两种不同的分组方案，使得任意两根电线都不会出现下面这样的情况：刚开始两根电线各自所在组的大小是相同的，后来两根电线各自所在组的大小又是相同的。Graham证明了，如果我们有n根电线的话，除了$n=2, 5, 9$的情况，其他情况下满足要求的分组都是存在的。例如，当$n=13$时，我们就可以把13根电线分成(#1)、(#2)、(#3)、(#4)、(#5, #6)、(#7, #8, #9)、(#10, #11, #12, #13)这么七组，再改分为(#1)、(#5)、(#7)、(#10)、(#3, #11)、(#2, #8, #12)、(#4, #6, #9, #13)这么七组。这样的话，任意两根电线都不会发生混淆。比方说，虽然#2和#4刚开始都属于大小为1的组，但后来#2跑到了一个大小为3的组里，而#4则跑到了一个大小为4的组里。如此一来，每根电线都能用两次所在组的大小唯一地刻画出来，问题也就解决了。

那么，如果n=2, 5, 9呢？当n=2时，问题显然是无解的，不管上下楼多少趟都不行。不过，n=5和n=9的情况却有机会被挽救回来。事实上，对于所有n为奇数的情况，采用下面这种思路完全不同的方法，也都能保证上下楼一趟就完成任务。在楼下把线头两个两个相接，余下单独一个线头什么都不接。把这个单出来的线头标号为#1。到楼顶找出和谁接都不构成回路的电线，它就是#1。在剩下的电线中测出能构成回路的电线对，并标号为(#2, #3), (#4, #5), ……接下来，把#1和#2相接，#3和#4相接，以此类推，让最后那根电线单着。到楼下拆掉原有的连接，然后从#1开始顺藤摸瓜确定所有对应关系：和#1能构成回路的电线就是#2，原来和#2配对的就是#3，和#3能构成回路的电线就是#4，以此类推。至此为止，我们就把电线识别问题圆满解决了。

其实，这种适用于一切n为奇数时的万能方法同样可以扩展到n为偶数的情形，我们只需要用刚才的方法完成前n-1根电线的识别，剩下一个每次都被单出来的电线就是第n号电线了。比如，当n=10时，我们把楼下的电线连成四对，剩余两根电线单着，然后到楼上去，检测出哪些电线是单着的，哪些电线是配对的，然后把它们编号为(#1)、(#2, #3)、(#4, #5)、(#6, #7)、(#8, #9)、(#10)。接下来，把#1和#2连在一起，把#3和#4连在一起，把#5和#6连在一起，把#7和#8连在一起，让#9和#10单着，然后下楼。原来单着的两个线头当中，有一个现在不再单着了，那它就是#1。现在与#1相连的就是#2，原来与#2相连的就是#3，然后像刚才那样顺藤摸瓜地找下去，直到找出原来与#8相连的就是#9。最后剩下的那个线头就是#10了。于是，我们就得到了原问题的另一种更为简洁统一的方案。

● ● ● ● ● ● ● ● ●

19. 有8根很长的并且颜色不同的水管并排放在一起，A、B两人分别位于这些水管的两端。两个人手中各有若干根很短的橡皮管，他们可以用这些橡皮管任意连接自己这一侧的水管口。A的旁边还有一个水龙头，A可以用橡皮管把水龙头与自己这一侧的其中一个水管口相连。

A、B两人各将获得一个1到36之间的整数（包括1和36），然后两人可以根据自己手中的数来连接水管口。当A打开水龙头后，容易看出，水必然会从其中一侧流出。两人需要保证，如果两人手中的数相等，则水从A的一侧流出，否则水从B的一侧流出。他们事先可以商量一个策略，但游戏一旦开始，两人一旦拿到各自的数之后，就不允许再交流了（因此两人都不知道对方手中的数是什么）。请你想出一个能保证两人获胜的策略。

让我们先来看另一个问题。假如A、B之间有4根水管，他们各自将获得一个1到6之间的整数（包括1和6），如何才能让水从A侧流出，当且仅当两人手里的整数相等？注意到，从4根水管中选出2根共有6种方案，两人可以事先约定好，每个整数分别代表连接哪2根水管。举个例子，两人可以给4根水管分别编号为#1、#2、#3、#4，那么1、2、3、4、5、6这6个整数可以分别与水管组合(#1, #2)、(#1, #3)、(#1, #4)、(#2, #3)、(#2, #4)、(#3, #4)相对应。游戏开始后，B把他手中的整数所对应的"水管对"连接起来，A也找出自己手中的整数所对应的两根水管，并把其中一个记为"入口"，把另一个记为"出口"，然后把另外的两根水管连接上。A把水龙头接到"入口"，如果A、B两人的数相等，水将会从"出口"流出。如下所示，左图展示的是A和B都拿到数字3时的情形，右图展示的是A拿到3并且B拿到1时的情形。

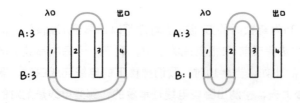

好了。实际上，A、B之间将会有8根水管，每4根水管能处理6个数的情况，8根水管不就能处理36个数的情况了吗？比方说，A、B两人可以用左边4根水管来判断自己手中的数是否在下表中的同一行里，用右边4根水管来判断自己手中的数是否在下表中的同一列里，这样不就能判断两人手中的数是否相等了吗？

1	2	3	4	5	6
7	8	9	10	11	12
13	14	15	16	17	18
19	20	21	22	23	24
25	26	27	28	29	30
31	32	33	34	35	36

但是这里有一个问题：上述方案需要两个水龙头才行。我们可以把一个水龙头接到左边4根水管的"入口"，把一个水龙头接到右边4根水管的"入口"，通过观察左边4根水管的"出口"和右边4根水管的"出口"是否都会出水，来判断两人手中的数是否相等。但A那里只有一个水龙头，这该怎么办呢？接下来的一步就厉害了：A可以把水龙头接到左边4根水管中的"入口"，再把左边4根水管中的

"出口"接到右边4根水管中的"入口"。如果A、B手中的数完全相等，水最终会从右边4根水管中的"出口"流出。

这个问题来自IBM Ponder This趣题站上2012年8月的趣题。

●●●●●●●●●

20. A、B两人在玩一个猜数游戏。首先，A在心里想一个不超过100的正整数，B则需要通过向A提问来猜出A心里想的数。B的问题只有唯一的格式：先列出一些数，然后问A"这里面是否有你想的那个数"，A则需要回答"是"或者"否"。有趣的事情来了：游戏规则允许A偶尔撒谎，但不能连续说谎两次。那么，B有没有办法能够保证猜出A心里所想的数？如果不能，B能把这个数的范围缩到多小？如果愿意的话，B可以询问任意多次。

看上去，猜出A所想的数似乎并不太难。考虑到任意两个连续问题中，至少有一个回答是真的，因而不断重复提问似乎是一个不错的策略。不过细想一下你会发现不行，因为A可以交替回答"是"、"否"、"是"、"否"，让B完全辨不出真假。

事实上，B是不可能猜出A心里所想的数的。即使A只能从1和2当中想一个数，B也没法把这个数猜出来。不管B怎样问问题，A总能巧妙地给出回答，保证自己既不会连续两次撒谎，又不会让B猜到正确答案，方法如下。每当被问到"你所想的数是否在{1, 2}当中"时，永远答"是"。每当被问到"你所想的数是否等于1"时，根据前一个问题来回答：如果前一个问题也是"你所想的数是否等于1"，则给出和前一次相反的答案，前一次说"是"这次就说"否"，前一次说"否"这次就说"是"；如果前一个问题是"你所想的数是否等于2"，则给出和前一次相同的回答，前一次说"是"这次还说"是"，前一次说"否"这次还说"否"；如果前一个问题是"你所想的数是否在{1, 2}当中"，则这次就随便回答。当被问到"你所想的数是否等于2"时，用类似的处理方法。这样一来，不管A心里想的数实际上是1还是2，任意两次回答中都会有至少一个是正确的，B将得不到任何信息。A的策略可以进一步归纳为：这次装作"我想的那个数是1"来回答，下次装作"我想的那个数是2"来回答，如此反复。由于A所想的数要么等于1要么等于2，因此A的连续两次回答中必有一真。这样一来，B显然会被A搞晕，因为A想的数究竟是1还是2，这两种可能性处于完全对等的地位。

不过，如果A能从1到3之间想一个数，B将会有办法把它的范围缩小到两个数之内。B可以首先不断询问"你想的数是否等于3"，如果A连续两次答"否"，这一定是实话，因此A所想的数只能是{1, 2}当中的一个了。如果A答了一个"是"，那么紧接着问"你所想的数是否等于2"：如果A还答"是"，那么这两个问题的答案必有一真，因此A所想的数一定是{2, 3}当中的一个；如果A答"否"，那么A心里想的数不可能是2（否则就连续两次说谎了），因而只能是{1, 3}中的一个。不管怎样，A所想的数都只剩下两种可能了。

好了，回到最开始的问题。如果A允许从1到100当中想一个数呢？我们可以把所有可能的数分成三组，分别标号为第1组、第2组和第3组。别忘了，B可以给出一个任意大的列表，问"你所想的数是否在这个列表中"，因而我们能套用刚才的方法，把"你所想的数是否等于3"改成"你所想的数是否属于第3组数"，把"你所想的数是否等于2"改成"你所想的数是否属于第2组数"，于是便能排除掉一组数了。不断把剩下的数分成三组，然后不断套用该方法，直到最后剩下的数不足三个为止。这样，我们就把A心里所想的数限定在了两个数之中了。

这个问题是2012年国际奥林匹克数学竞赛的第3题第1小问的一个简化版本。原题其实是这样的：证明，如果A最多能够连续撒谎k次（即任意连续的$k+1$次回答中都有至少一次说真话），那么不管A可以在多大的范围里想一个数，B最终总能给出一个大小不超过2^k的数表，保证A心里想的那个数在这个数表里。这里，B的问题仍然只能是刚才的那种格式，并且B仍然可以任意多次地询问。

为了解决这个问题，我们着重考虑A只能从2^k+1个数当中选一个数的情况，并给出一种通过一系列询问排除其中一个数的方案。如果A能够在某个更大的范围内想一个数，我们就像刚才那样，把所有可能的数分成2^k+1组，并套用此方法排除掉其中一组，直到最后所剩的数小于2^k+1个为止。

那就先来考虑A所想的数只能从某个大小为2^k+1的范围中选择吧。不妨假设这个范围是0到2^k（包括0和2^k），这里面正好有2^k+1个数。（若实际范围并非如此，只需把它里面的数映射到这个范围即可。）此时，二进制编码再次派上用场了！容易看出，这个范围中所有数的二进制编码最多有$k+1$位，其中唯一一个恰好拥有$k+1$位二进制编码的数就是最后那个数2^k，其二进制编码为100…000，1后面k个0。我们假设其他所有数的二进制编码也都恰好是$k+1$位，不足的话在前面用0补足。因此，所有数的二进制编码分别是000…000到100…000，每个编码都是$k+1$位。

现在，不断问A"你所想的数的二进制编码的第一位是否是1"，或者等价地，"你所想的数是否等于2^k"。如果连续$k+1$次得到的回答都是"否"，则直接排除掉2^k这个数了。否则，我们一定得到了一个"是"的回复。紧接着抛出k个不同的问题，分别是"你所想的数的二进制编码的第二位是否是1"，"你所想的数的二进制编码的第三位是否是1"，一直到"你所想的数的二进制编码的第$k+1$位是否是1"。当然，我们需要把这些问题翻译成规定的格式。由于A不能连续

$k+1$次撒谎，因此A不可能谎报了他所想的数的二进制编码里的所有数位。所以，我们可以排除掉二进制编码的每一位与A宣称的都不相符的那个数。这个数的二进制编码将会以0打头（因为A说了他所想的数的二进制编码的第一位是1），因而它确实在0到2^k的范围里。

如果A能够从更大的范围当中选数的话，我们可以像刚才讨论过的那样，用分组排除的方法来完成任务。至此，我们就完成了2012年国际奥林匹克数学竞赛第3题第1小问的全部证明。

●●●●●●●●●

21. 桌子上有8节电池，其中4节是新的，另外4节已经没电了。你每次可以选择两节电池装进收音机里，只有这两节电池都是新的，收音机才能正常工作。想办法只试7次就能保证让收音机工作起来。

有一种办法可以在8次尝试之内保证让收音机工作起来。不妨用数字1到8给这8节电池编号。依次测试$(1, 2)$、$(3, 4)$、$(5, 6)$、$(7, 8)$，如果都不能让收音机正常工作的话，这就只有一种可能性，即每一对电池里正好一个有电一个没电。也就是说，1和2里面肯定有一个电池是好的，3和4里面肯定有一个电池是好的。于是，再测试一下$(1, 3)$、$(1, 4)$、$(2, 3)$、$(2, 4)$，就能保证让收音机工作了。

怎么把试验次数进一步减少到7次呢？

把这8节电池分成A、B、C三组，其中A组有3节电池，B组有3节电池，C组有2节电池。显然，不可能每一组里都只有一节新电池，也就是说，至少有一组里包含了两节新电池。于是，我们把A组里的电池每两个都试一遍，如果还不行的话，就把B组里的电池每两个都试一遍，如果还不行的话，C组里的两个电池肯定就能成了，整个过程最多只需要7次试验。

可以证明，需要的试验次数不可能比7次更少。

这个问题来自2005年巴西奥林匹克数学竞赛试题。

●●●●●●●●●

22. 某项资格考试每年的题型和题目都完全相同：100道判断题，每题1分，满分100分。某一次，有100名考生打算团结起来，把考题的标准答案给试出来。他们的策略是这样的：第1名考生只在第1题上打"√"，其余所有题不答；第2名考生只在第2题上打"√"，其余所有题不答；以此类推，直到第100名考生只在第100题上打"√"，其余所有题不答。考试成绩揭晓后，各考生看看自己得的是0分还是1分，就知道自己负责的题目是做对了还是做错了，从而就知道了各题的答案。但是，考试的前一天，众人收到了考试要求，结果全傻眼了：考试要求里规定，所有题目都必须作答，如果留空则默认选"×"。这项人性化的规定反而破坏了众人的计划。现在，他们有一晚上的时间重新商量策略。他们还能保证试出考题的完整答案吗？

能。100名考生可以采用以下策略。

- ❑ 第1名考生在第1题上打"√"，其余题全部打"×"；
- ❑ 第2名考生在前2题上打"√"，其余题全部打"×"；
- ❑ 第3名考生在前3题上打"√"，其余题全部打"×"；
  ……
- ❑ 第99名考生在前99题上打"√"，其余题全部打"×"；
- ❑ 最后一名考生在所有试题上都打"√"。

成绩揭晓后，第1名考生和第2名考生对一下成绩。由于他俩的答卷只在第2题上有分歧，因此他俩的成绩只有两种可能：第1名考生比第2名考生高1分，从而说明第1名考生弄对了，第2题就该选"×"；或者第2名考生比第1名考生高1分，从而说明第2名考生弄对了，第2题就该选"√"。类似地，第2名考生和第3名考生对一下成绩，就知道第3题的答案了……以此类推，最后第99名考生和第100名考生就能合作推出第100题的答案。那么，第1题的答案是多少呢？这可以借助最后一名考生的实际成绩来推断。我们已经知道了后面99道题的答案了，也就知道了后面99道题里有多少题应该选"√"；然而，最后一名考生在所有题上都打了"√"，他的得分就表示所有这100道题里面有多少题应该选"√"。对比这两项数据就能推测出第1题的答案了。

当然，考生们可以采用的策略还有很多。有趣的是，他们本来的策略其实仍然是有效的，虽然这可能不大容易看出来。如果100名考生按照本来的策略答题的话，100张答卷分别如下：

- ❑ 第1名考生在第1题上打"√"，其余题全部打"×"；
- ❑ 第2名考生在第2题上打"√"，其余题全部打"×"；
- ❑ 第3名考生在第3题上打"√"，其余题全部打"×"；
  ……
- ❑ 第99名考生在第99题上打"√"，其余题全部打"×"；
- ❑ 第100名考生在第100题上打"√"，其余题全部打"×"。

容易看出，任意两个人的答卷都有且仅有两道题的答案不一样，其中一个人分别答的是"√"、"×"，另一个人分别答的是"×"、"√"。所以，任意两个人的得分要么相同要么相差2分。如果两个人的得分相同，就说明有一道题你对了我错了，有一道题你错了我对了，说明这两道题的正确答案要么都是"√"要么都是"×"；如果两个人的得分相差2分，就说明这两道题我都对了你都错了，或者我都错了你都对了，不管怎样，这两道题的正确答案肯定是一个"√"一个"×"。因此，成绩揭晓后，每个人都把他的成绩和第1名考生的成绩相比，来判断自己负责的那道题的答案与第1题的答案是否相同。最终，试卷的完整答案就只剩下两种可能性了：假设第1题的答案是"√"，可以确定出一种可能性；假设第1题的答案是"×"，可以确定出另一种可能性。

实际情况究竟是哪一种呢？这可以根据考生的实际成绩来判断。容易想到，由于两种候选情况拥有完全相反的答案，因而如果把其中一种情况变成另一种情况，则所有人的得分都会变反过来，0分会变成100分，20分会变成80分，39分会变成61分，50则还是50分。因而，除非每个人的得分都是50分，否则考生都能够分辨出实际情况是哪一种情况。然而，每个人的得分都是50分，这种事情显然是不可能发生的：如果每个人的得分都是50分，就说明任意两人的得分都一样，就说明任意两道题的答案都一样，就说明所有题的答案都一样，那么每个人的得分都应该是1分或者99分才对。

以此为基础，我们甚至可以把所需人数从100人减少到99人，因为仅凭前面99个人的成绩就能推出最后一个人会得多少分。首先注意到，所有人的得分总和除以98一定余2。为什么？如果标准答案是所有题全部选"√"，那么每个人都只得1分，所有人的得分总和就是100分，这是一个除以98余2的数；现在把标准答案当中的若干个"√"改成"×"，每把一个该选"√"的题改成选"×"，都会让其中一人少得1分，另外99人多得1分，因而所有人的得分总和就会加98分。由此可见，所有人的得分总和永远是一个除以98余2的数。然而，刚才已经说过，最后一个人的成绩和其他随便哪个人的成绩相比，最多只会上下相差2分。比方说，如果第一个人的成绩是67分，那么最后一个人的成绩就只可能是65分、67分、69分这三种情况之一。那他究竟是多少分呢？这可以完全由"所有人的成绩总和除以98余2"这条信息唯一地确定下来。

也就是说，即使有一名考生生病了，第二天没法参加考试，其他99名考生仍然能顺利完成任务！

● ● ● ● ● ● ● ●

23. 假设你在一个飞船上，飞船上的计算机有99个处理器。突然，飞船受到外星激光武器的攻击，一些处理器被损坏了。你知道有超过一半的处理器仍然是好的。你可以向一个处理器询问另一个处理器是好的还是坏的。一个好的处理器总是说真话，一个坏的处理器总是说假话。用97次询问找出一个好的处理器。

为了便于叙述，我们给所有处理器从1到99标号。首先要注意，如果一个处理器说另一个处理器是好的，那么要么它们都是好的，要么它们都是坏的，性质相同；反之，如果一个处理器说另一个处理器坏了，那么它们必然是你好我坏，或者你坏我好，总之性质相反。现在，让处理器1依次回答，处理器2到处理器99分别都是好的还是坏的。把所有处理器1认为的好的处理器和处理器1放在一组，把所有处理器1认为的坏的处理器放在另一组。显然，这两组处理器当中，其中一组全是好的，另外一组全是坏的。由于好的处理器超过总数的一半，因此这两组处理器当中，数量多的那一组就是好的。

但是，我们刚才的策略用了98次询问。怎么把询问次数减小到97次呢？很简单，只需要注意到，当处理器1已经宣布了处理器98的好坏，但还没开始鉴别处理器99的时候，我们就已经能找到一个好的处理器了。此时，我们已经成功地把前面98个处理器分成了两组，其中一组全是好的，另外一组全是坏的。如果某一组里的处理器比另一组多，说明这一组里的处理器至少有50个，因而它们都是好的。问题是，如果两组处理器的个数正好相同（都是49个）的话，我们就没法判断哪组是好的，哪组是坏的了，这该怎么办呢？没有关系，如果出现了这种情况的话，最后剩下的那个处理器就一定是好的了。因此，不管如何，我们都能找出至少一个好的处理器来。

●●●●●●●●

24. 一个屋子里有8个人。如果某个人不认识屋子里的所有人，但屋子里所有人都认识他，我们就把这个人叫做"名人"。容易看出，屋子里有可能没有名人，也有可能有一个名人，但绝对不可能有两个或者两个以上的名人。你每次只能对其中一个人提出形如"请问你是否认识某某某"的问题，对方将会如实回答。想办法只用18次询问确定出这些人里是否存在名人，以及谁是名人（如果有的话）。

我们先来看一看，一次询问能够得出哪些信息。假如有A、B两个人，我们向A提了一个问题：请问你认识B吗？如果A回答"是"，那么A一定不是名人，因为名人是不认识任何人的；如果A回答"否"，那么B一定不是名人，因为所有人都认识名人。也就是说，不管询问得到的回答是什么，我们总能排除一个人。不断在两个未排除的人之间询问，7次询问即可找出那个唯一有可能是名人的人。

但是，这个人究竟是不是名人呢？我们还需要额外地花14次询问来验证一下：先问一下这个人是否真的不认识其他7个人，再问一下其他7个人是否真的都认识这个人。用这种方式，21次询问便能查出有没有名人以及谁是名人。

其实，排除阶段的最后一次询问就已经顺便帮我们完成了一次验证，因而21次询问就被我们减少到了20次。为了把询问次数进一步减少到18次，我们还需要再想些办法。刚才我们之所以能省下一次询问，就是因为最后剩下的那个"候选人"在排除阶段已经被涉及过一次了。能不能巧妙地设计排除阶段的提问顺序，使得不管最终剩下的候选人是谁，都保证他被涉及过3次呢？这样不就能再省下两次询问了吗？

这是可以办到的。我们把8个人每两人分成一组，然后像淘汰赛一样地决出候选人。首先，问A是否认识B，问C是否认识D，问E是否认识F，问G是否认识H。然后，问A、B中的"胜出者"是否认识C、D中的"胜出者"，问E、F中的"胜出者"是否认识G、H中的"胜出者"。最后，问A、B、C、D中的"胜出者"是否认识E、F、G、H中的"胜出者"，这样就得到了那个唯一的候选人。显然，这个人一共打过了3次比赛，也就是说他在淘汰阶段被涉及过3次。因而，验证阶段一共可以少问3个问题，我们就能在21-3=18次询问中完成任务了。

询问的次数还能比18次更少吗？1981年，K. N. King和Barbara Smith-Thomas证明了，18次询问是最少的。事实上，他们证明了这样一个结论：在n个人当中寻找名人，$3n - \lfloor \log_2 n \rfloor - 3$次询问是足够的，同时也是必需的（这里，$\lfloor x \rfloor$表示不超过$x$的最大整数）。

● ● ● ● ● ● ● ● ●

25. 公司里有100个女生，每个女生都有一个独家八卦消息。两个女生可以通过电话联系，一通电话将使得双方都获知到对方目前已知的全部消息。一个有趣的问题是，要想所有100个女生都知道所有100条八卦消息，最少需要多少通电话呢？你的任务是，设计一种只用196通电话的方案。

大家可能首先会想到只需要198通电话的方案：从100个人中选一个消息汇总人，所有99个人都打电话给她，她再打电话给所有人，这样总共需要198通电话。其实，汇总阶段的最后一通电话和发布阶段的第一通电话可以合并为一通电话，这样的话该方案实际上只需要197通电话。但是，怎样把电话的数目继续减少到196通呢？这就不太好想了。

让我们先来考虑一下简单的情况。如果整个公司只有2个女生，显然1通电话就够了；如果整个公司只有3个女生，显然需要3通电话。如果整个公司只有4个女生呢？一个非常巧妙的方法是，让A、B互相通话，让C、D互相通话，此时每个人都知道了（包括自己的）两条消息；然后A和C通话，B和D通话，从而使得每个人都获知另外两条自己还不知道的消息。

现在，我们就有了一种方法，可以让100个女生用196通电话解决问题。首先，从

100个人当中选出4个人作为消息汇总人。其余每个人都任意选择一个汇总人并与之通话，这一共需要96通电话。接下来，这4个汇总人再用刚才的方法，用4通电话互相更新一下消息。最后，4个汇总人再把电话打回去，实现所有消息的全部共享，这又需要96通电话。于是，我们总共只用了196通电话。

事实上，如果公司里有n个人的话（这里假设$n \geq 4$），那么$2n-4$通电话已经是最好的方法了。最常见的一种证明方法由Brenda Baker和Robert Shostak在1972年给出。

说到策略问题，怎能少了万能的囚犯？下面就是一系列经典的囚犯问题。

●●●●●●●●

26. 典狱长要和100个囚犯玩这么一个游戏。首先，100个囚犯从前往后坐成一列。坐在最后面的那个囚犯能够看到其余99个囚犯，坐在最前面的那个囚犯则啥也看不见。典狱长给每个囚犯戴上一顶黑色的或者白色的帽子。然后，典狱长会从后往前依次叫这些囚犯猜测自己头顶上帽子的颜色。如果哪个囚犯猜对了，他就自由了。坐在前面的每一个囚犯都可以听到后面的囚犯的猜测，除此之外囚犯与囚犯之间不允许有任何形式的交流。如果这100个囚犯事先可以商量好一种策略，那么最理想的策略是什么？

不妨把所有囚犯从前往后依次编号为#1, #2, …, #100。一种容易想到的策略就是，#100在猜测时直接报出#99的帽子颜色，这就相当于#100用自己的猜测告诉了#99应该猜什么，#99就能保证猜对了。然后，#98用同样的方法提示出#97的帽子颜色，#96用同样的方法提示出#95的帽子颜色，以此类推，这样可以保证至少50个人猜对。不过，这还远远算不上最佳策略。最佳策略可以保证，除了#100以外，其余99个囚犯都能猜对！你能想出这样的策略吗？

首先，让#100数一数他前面99个人一共有多少顶白帽子，并约定他猜"黑"表示他前面共有偶数顶白帽子，他猜"白"表示他前面共有奇数顶白帽子。#99也数一数他前面98个人的白帽子个数：如果他数出来的个数的奇偶性与#100透露的结果不符，则他自己戴的肯定是白帽子；如果他数出来的个数的奇偶性与#100透露的结果相同，则他自己戴的肯定是黑帽子。这样，#99就可以保证猜对了。接下来怎么办呢？不要忘了，#98听见了刚才发生的一切，他知道#100透露的信息是什么，也知道#99刚才猜的是什么，也知道#99一定猜对了。结合这些信息，#98就能推出自己的帽子颜色了。类似地，其他每个囚犯都能听到之前所有人的猜测，并且知道从#99开始，所有人的猜测都是对的。这相当于每个人不仅能看到自己前面所有人的帽子颜色，还知道自己背后那些人（除了#100以外）的帽子颜色；结合最初#100透露的那个奇偶性信息，便能推出自己的帽子颜色了。这样下去，除了#100以外，其余99个囚犯都可以保证被释放。

这种策略显然是最佳的，不可能再有什么策略能保证所有人都被释放了，因为#100在猜测时得不到关于自己帽子颜色的任何信息，因而他不可能保证自己猜对。

●●●●●●●●●
27. 典狱长和A、B两名囚犯玩一个游戏，游戏规则如下：A独立地抛掷一枚硬币，然后猜测B的硬币抛掷结果，把这个猜测写在一张纸条上；同时，B也独立地抛掷一枚硬币，并在一张纸条上写下A的硬币抛掷结果。注意，A、B两人都不能看到对方的硬币抛掷结果和纸条上的猜测。之后，典狱长查看双方的硬币和纸条：如果两人都猜对了对方的硬币，则两人都会被释放。游戏开始前，A、B两人可以商量一个对策；游戏开始后，两人就不允许再有任何交流了。

乍看上去，由于不知道对方的硬币正反，因此两人似乎都只能瞎猜。这样的话，两人各有一半几率猜中对方的硬币，同时猜对的概率仅有可怜的1/4。但是，有一种策略能保证他们有50%的概率获胜。你能想到这种策略吗？

两人可以事先约定每个人都猜测对方的硬币和自己的硬币正反相同。也就是说，他们只需要在纸上写下自己硬币的抛掷结果。如果双方的硬币抛掷结果真的相同，他们就赢了。注意，两人的抛掷结果只有正正、反反、正反、反正4种情况，其中有2种情况下双方的硬币抛掷结果是相同的。因此，利用上面所说的策略，两人有50%的概率获胜。

●●●●●●●●●
28. 三名囚犯围坐成一个圆圈，在典狱长的要求下玩一个游戏。典狱长给每个人戴上一顶黑色的或者白色的帽子，每个人都只能看到另外两个人头上的帽子颜色。现在，他们需要独立地猜测自己头上的帽子颜色。每个人都要在自己手中的小纸条上写下"黑色"、"白色"或者"放弃"，然后交给典狱长。如果说至少有一个人猜对，并且没有人猜错，那他们就全部释放；只要有任何一个人猜错，或者所有人都写的"放弃"，那他们就全部死刑。如果在游戏开始前他们能够商量一个策略，那么最好的策略是什么？

仔细想一下你会发现，要想保证他们百分之百地获胜是不可能的，因为游戏中大家不能交流信息，谁也不能保证自己能猜对。似乎最好的策略就是，让其中一个人猜测自己的帽子颜色，其他所有人全部放弃，这样他们将会获得50%的获胜几率。但是，有一种策略能保证他们有75%的概率获胜。你能想到这种策略吗？

设身处地地想一想，你或许会想到一个很自然的策略：不管是谁，如果看到另外两个人的帽子颜色是一黑一白，那么就放弃（换了你你也不敢猜）；如果看到另外两个人的帽子颜色一样，那就猜相反的颜色（毕竟三个人帽子颜色都一样的可能性很小）。这样真的管用吗？让我们来看一下，使用这种策略能够在哪些情况下获胜。三个人的帽子颜色一共有8种组合，它们可以分为以下四类。

(1) 三个人都是黑帽子。此时，每个人都看到两个黑帽子，每个人都猜自己是白帽子，所有人都猜错。

(2) 两个黑帽子，一个白帽子。此时，戴黑帽子的人将会看到一黑一白，于是放弃；戴白帽子的人看到的是两个黑帽子，因此他将猜对，从而让大家获胜。

(3) 两个白帽子，一个黑帽子。此时，戴白帽子的人将会看到一黑一白，于是放弃；戴黑帽子的人看到的是两个白帽子，因此他将猜对，从而让大家获胜。

(4) 三个人都是白帽子。此时，每个人都看到两个白帽子，每个人都猜自己是黑帽子，所有人都猜错。

注意到只有在(1)和(4)当中，他们才会输掉游戏，这占了所有情况的2/8。其他情况都是胜局，因而获胜的概率高达75%。

●●●●●●●●●

29. 典狱长叫来10名囚犯，要和他们玩一个游戏，游戏规则如下。首先，典狱长给每一名囚犯背上都贴一张纸，上面写有一个1到10之间的整数（包括1和10），不同囚犯背上的数字有可能相同。每个人都可以看到别人背上的数字，但不能看到自己的数字。然后，每一名囚犯都要独立地猜测自己背上的数是多少，并写在一张小纸条上交给典狱长。之后，典狱长公布众人猜测的结果。只要有一名囚犯能猜对自己背上的数，则所有囚犯全部释放。

在游戏开始之前，囚犯们可以商量一个对策，但在游戏开始之后，囚犯与囚犯之间不允许有任何交流。他们有什么策略能够保证获胜？

注意，由于不同囚犯背上的数字有可能相同，因此"大家全猜1"的策略显然是不行的，因为有可能所有人背上的数都不是1。那么，囚犯们还有可能必胜吗？有可能。比方说，如果囚犯只有两名，他们背上的数只能从1和2当中选择，那么两人的必胜策略很简单：只需其中一个人报和对方一样的数，另一个人报和对方不一样的数即可。那么，10名囚犯该怎么办呢？下面给出的就是一种我非常喜欢的策略。

如果把10名囚犯背上的数全部加在一起，个位数只有0、1、2、3、4、5、6、7、8、9这10种可能。这10名囚犯的策略就是，让每个人都瞄准其中一种情况。也就是说，这10名囚犯先给他们自己编号为#0, #1, #2, #3, …, #9，然后每一个人都猜测所有数加起来之后的个位数等于自己的编号。例如，编号为#3的囚犯就赌，所有人背上的数加起来之后个位数是3。因此，如果他看见其他9个人背上的所有数之和个位是8，他就应该猜自己背上的数是5。由于所有数加起来的个位数就只有这么10种可能，因而必然会有一个囚犯猜对。

上述方案可以推广到任意n名囚犯当中。如果把n名囚犯背上的数全部加在一起，除以n后的余数只有0, 1, 2, 3, …, $n-1$这n种可能，然后每一名囚犯都瞄准一种可能即可。

我曾经在北京大学BBS化学学院版上看到过这个问题。当时这个帖子非常火爆，曾一度荣登十大热门话题第三。解决这个问题的思路也可以用于很多别的问题。比方说，有100个囚犯，典狱长给每个囚犯头上都戴一顶黑帽子或者白帽子。每个人都可以看见其他人的帽子颜色，但看不见自己的帽子颜色。接下来，每个人都必须独立地猜测自己头上的帽子颜色，并写在一张小纸条上交给典狱长。如果至少有50个人猜对了，所有囚犯全部获得释放。如果在游戏之前，囚犯们可以商量一个策略，那么他们应该怎么办呢？

注意，所有人的帽子颜色当中，黑色的帽子要么有奇数个，要么有偶数个。囚犯们的策略就是，一半的人瞄准前一种可能，另一半的人瞄准后一种可能。换句话说，其中一半的囚犯猜测，黑帽子一共有奇数个，因而这些囚犯看见了偶数个黑帽子，就猜自己也是黑帽子，看见了奇数个黑帽子，就猜自己是白帽子；另外一半的囚犯则猜测，黑帽子一共有偶数个，因而这些囚犯看见了偶数个黑帽子，就猜自己是白帽子，看见了奇数个黑帽子，就猜自己也是黑帽子。当然，这两拨人必然有一拨人是对的，因而在这100个人当中必然会有50个人猜对。

●●●●●●●●●

30. 典狱长要和15名囚犯玩这么一个游戏。典狱长会给每个囚犯发一张纸条，每张纸条上都写着一个1到8之间的正整数（包括1和8），其中有一个数只会出现一次，其余每个数都会出现两次。囚犯们的目标就是合作推测出，哪一个数只出现了一次。但是，囚犯们不能直接交流，他们只能间接地通过一间屋子里的一个旋钮来传递信息。典狱长会按照某个随机的顺序，让囚犯们一个接一个地进入屋子。每一次只有一名囚犯在屋子里，每一名囚犯只会进一次屋子。屋子里的旋钮有8档，换句话说旋钮可以被扳到1到8之间的任意一个位置。最后一名囚犯从屋子里走出来之后，典狱长会要求他报出一个数。如果这个数确实是那个只出现了一次的数，则所有囚犯全部释放；否则，所有囚犯全部死刑。

初始时，屋子里的旋钮指向"1"，并且所有囚犯都知道这一点。囚犯在进入屋子的时候，都不知道自己是第几个进入屋的。在游戏开始前，他们可以聚在一起，商量一个对策。囚犯们能够保证全部释放吗？

为了方便叙述，我们把纸条上的数字范围和旋钮上的状态范围都改成0到7之间的整数，这对我们的问题没有本质上的影响。接下来，二进制编码将会再次登场！我们把这些整数都用二进制来表示，即000, 001, 010, 011, 100, 101, 110, 111。旋钮的8种状态则用来表示，之前所有囚犯手中的数当中，各个数位上出现过多少次数字"1"，并用数字"1"表示奇数次，数字"0"表示偶数次。初始时，旋钮指向的是000。今后每一名囚犯走进屋子后，都根据旋钮指示的状态和自己手中的数，计算出新的旋钮状态。比方说，如果旋钮指示的是011，就表示之前所有囚犯手里的数当中，左起第一位有偶数个"1"，左起第二位有奇数个"1"，左起第三位有奇数个"1"；而自己手中的数是110，因此各个位置上的"1"的个数就应该从"偶数"、"奇数"、"奇数"变成"奇数"、"偶数"、"奇数"，也就是101了。于是，这个囚犯就把旋钮调到101，然后离开屋子。

容易想到，那些成对出现的数，其二进制表达中的数字"1"都成对地抵消了。因此，最后一名囚犯调过旋钮后，旋钮的示数表明哪些位置上的数字"1"出现过奇数次，就说明那个只出现了一次的数哪些位置上是数字"1"。他便能很快推出那个只出现了一次的数是多少了。

这个问题改编自一个经典的算法问题：用线性时间和常数空间，从数组中找出唯一一个只出现了奇数次的数。

●●●●●●●●

31. 典狱长要和100名囚犯玩这么一个游戏。典狱长会给每个囚犯发一张纸条，每张纸条上都写着一个不超过100的正整数，其中某个数出现的次数会多于50次。囚犯们的目标就是合作推出，哪一个数出现了50次以上。但是，囚犯们不能直接交流，他们只能间接地通过一间屋子里的两个旋钮来传递信息。典狱长会按照某个随机的顺序，让囚犯们一个接一个地进入屋子。每一次只有一名囚犯在屋子里，每一名囚犯只会进一次屋子。屋子里有A、B两个旋钮，每个旋钮都有100档，换句话说每个旋钮都可以被扳到1到100之间的任意一个位置。最后一名囚犯从屋子里走出来之后，典狱长会要求他报出一个数。如果这个数确实是出现次数过半的那个数，则所有囚犯全部释放；否则，所有囚犯全部死刑。

初始时，屋子里的两个旋钮都指向"1"，并且所有囚犯都知道这一点。囚犯在进入屋子的时候，都不知道自己是第几个进入屋子的。在游戏开始前，他们可以聚在一起，商量一个对策。囚犯们能够保证全部释放吗？

囚犯们可以把旋钮B的100种状态重新解读为0到99之间的整数，然后把它当作一个计数器来使用。一个囚犯进入屋子后，如果发现自己手中的数与旋钮A指示的数相同，则让计数器加1；如果发现自己手中的数与旋钮A指示的数不同，则让计数器减1。另外，如果这个囚犯进入屋子时，发现计数器的值已经是0了，就把旋钮A指向自己手中的那个数，然后把计数器设为1。如果哪个囚犯出来后，发现他就是最后一个囚犯，那么他就报出离开屋子时旋钮A指向的数即可。

为什么这种策略能成呢？这是因为，假设在一堆数当中，有一个数，不妨记作x，它的出现次数超过了一半，那么从这堆数当中任意去掉两个不相同的数，x的出现次数仍然会超过一半，不管我们刚才去掉的那两个数里面有没有x。因此，如果不断地去掉两个不相同的数，最后剩下的数就一定是那个出现次数超过一半的数了。这正是囚犯们一直在做的事。屋子里的旋钮状态可以解读为，之前的囚犯在屋子里留下了哪个数，留下了多少个。每个囚犯进入屋子之后，要么会把自己的数也留在屋子里，表示又多了一个暂时还没法去掉的数；要么就从屋子里拿走一个数，表示和自己手中的那个数抵消了。如果某个囚犯走进屋子，发现屋子是空的，就把自己的数放进去。显然，最后一个囚犯只需要报出离开屋子时屋里所剩的那个数就行了，它就是所有囚犯手中的数两两抵消后剩余的结果，也就是初始时出现次数超过一半的数。

这个问题改编自一个经典的算法问题：用线性时间和常数空间，从数组中找出一个出现次数超过一半的数。

●●●●●●●●

32. 典狱长要和10名囚犯玩这么一个游戏。典狱长给每个囚犯发两个手套，一个黑色的，一个白色的。之后，每个囚犯的额头上都会写上一个数，且10个数互不相同。每个囚犯都能看到其他9个囚犯额头上所写的数，但不能看到自己的数。接下来，每个囚犯必须独立地决定把哪个手套戴在哪只手上。等到所有囚犯都戴好了手套，典狱长会把他们按照额头上所写的数从小到大地排好，并要求他们手牵着手站成一横排。如果每两只握在一起的手都戴着相同颜色的手套，那么所有10名囚犯都可以被释放。

在游戏开始前，他们可以聚在一起，商量一个对策。游戏开始后，囚犯与囚犯之间不允许有任何交流。囚犯们能够保证全部释放吗？

真的有这么一个策略，使得囚犯们保证能被释放。为了便于叙述，我们换一种方式来描述这个游戏：囚犯们需要根据自己看到的情况，独立地在一张小纸条上写下字母A或字母B（对应着"左黑右白"和"左白右黑"两种决策）；然后，把囚犯按额头上的数从小到大排序，依次念出囚犯所写的字母，如果A和B自始至终一直交替出现，囚犯们就能被释放。

完美策略的存在性并不太令人吃惊。不妨考虑一下只有2名囚犯的情况，你会发现必胜方案显然存在：只需要事先约定不管怎样都是你写A我写B就行了。如果有更多的囚犯，下面的策略可以保证他们获胜。

游戏开始前，囚犯们先给他们自己从1到10进行编号。把囚犯们按额头上的数重新排序后，我们就得到了这10个编号的一个排列。比方说，10个囚犯的编号分别是1, 2, 3, 4, 5, 6, 7, 8, 9, 10，而他们额头上的数则分别是0.1, 0.4, 0.6, 0.2, 0.8, 1.1, 0.5, 1.5, 2.0, 2.3，那么重新排序后得到的编号排列就是：

    1, 4, 2, 7, 3, 5, 6, 8, 9, 10

但是，由于囚犯不知道自己额头上的数，因此每个囚犯只能"看见"这个排列除他之外剩下的部分。比方说，囚犯#2就只能看到另外9个人形成的不完整的排列：

    1, 4, 7, 3, 5, 6, 8, 9, 10

如果在一个序列中，位于前面的某个数比位于后面的某个数更大，我们就说这两个数构成了一个"逆序对"。（还记得我们在组合问题一章中提到过这个概念吗？）囚犯们的策略是，数一数自己看到的序列中有多少逆序对，如果逆序对的个数与他自己的编号同奇偶，则回答字母A，否则回答字母B。比方说，在上面那个例子中，囚犯#2能看到的逆序对有(4, 3), (7, 3), (7, 5), (7, 6)共4个，自己的编号是2，因此他将回答A。而囚犯#7将看到序列

    1, 4, 2, 3, 5, 6, 8, 9, 10

他能看到的逆序对只有(4, 2), (4, 3)共2个，他的编号却是奇数7，因此他将回答B。你会发现，囚犯2和囚犯7这两个位置相邻的人恰好一个回答了A一个回答了B。

这并不是一个巧合。我们将以这两个囚犯为例，说明位置相邻的囚犯看到的逆序对个数的奇偶性相同，当且仅当他们编号的奇偶性不同。

注意，两个囚犯看到的序列都形如

1, 4, ?, 3, 5, 6, 8, 9, 10

其中问号处就是对方的编号。在此序列中，不含问号项的逆序对是囚犯#2和囚犯#7都能看见的。囚犯#2能看见的额外的逆序对，一定是在数字7和别的数之间产生的；而囚犯#7能看见的额外的逆序对，则是在数字2和别的数之间产生的。注意，对于所有小于2或者大于7的数x，不管x在序列中的什么位置，2和x、7和x要么都是逆序对，要么都不是逆序对；而对于序列中那些大小介于2和7之间的数x，不管x在序列中的什么位置，要么2和x构成一个逆序对，要么7和x构成一个逆序对。也就是说，囚犯#2和囚犯#7看到的逆序对个数是否同奇偶，取决于位于2和7之间的数是否有偶数个，也就是取决于2和7是否不同奇偶。

类似地，我们可以说明，按照额头上的数排序后，相邻两个囚犯一定都写下了不同的字母。因此，他们能保证100%地通过游戏，获得释放。

这个问题也来自Michael Brand的谜题网站。

12 语言问题

虽然我从2005年开始，从未间断地撰写以数学为主题的博客，但我大学时学的其实是中文。在中文系学习语言学的过程中，我收集了很多有意思的汉语现象，也由此引出了一大堆智力趣题，希望大家能够喜欢。

●●●●●●●●●●

1. 通常动词前面都不能加"很"，例如我们从来不说"很吃饭"、"很睡觉"。想一个动词，它的前面可以加"很"。

答案：很喜欢、很讨厌、很希望、很嫉妒、很羡慕……几乎所有表示心理活动的动词前面都可以加"很"。

●●●●●●●●●●

2. 我们可以说，"我想吃这一个苹果"、"我想吃那一个苹果"。在"我想吃____一个苹果"的空格中还可以填入哪些修饰"一个"的字或词？你能想出5个吗？你能想出10个吗？

答案：这、那、哪、某、每、任、另、上、下、前、后、头、同、其中、唯一。在现代汉语中，这些词叫做指示词。

●●●●●●●●●●

3. 并不是只有名词才能儿化。比方说，代词也能儿化，如"这儿"、"那儿"。很多量词也能儿化，如"份儿"、"片儿"。你能想出动词、形容词和副词儿化的例子吗？

答案：动词有"玩儿"，形容词有"蔫儿"，副词则有"倍儿"。

汉语的儿化现象非常有趣，哪些词能儿化哪些词不能儿化完全没有任何规律可循。"笔记本"的"本"可以说成"本儿"，但"铅笔"的"笔"就偏偏不能说"笔儿"。有人会说，这恐怕是因为韵母"i"本身就不能儿化吧！不对，比如"鸡"的韵母也是"i"，但我们就能说"小鸡儿"。或许有人会立即改口说，那一定是整个声母加韵母再加声调决定了这个字能否儿化吧！也不是——"小鸡"能说成是"小鸡儿"，但"手机"就不能说成是"手机儿"。有时甚至会出现这样的情况：一个词既可以儿化也可以不儿化，儿化时表达一种意思，不儿化时表达另一种意思。例如，"头"指的是脑袋，"头儿"指的则是上司。想想看，我们学英语要背不规则动词表，老外学汉语要背能儿化的字表！

汉语中的词语还有很多独特的属性，哪些词拥有哪些属性也都完全没有规律。看看下面这个问题，你就知道了。

●●●●●●●●●

4. 下面的每一组词中，前五个词都具有某种共同的性质，这种性质是后面五个词都不具有的。你能猜出每组词所对应的那个性质吗？

(1) 反复、高兴、磨蹭、说笑、许多 | 地震、动静、金黄、巨大、雕刻

(2) 鱼、路、船、裙子、短信 | 山、剑、伞、文章、螃蟹

(3) 锁、画、挂钩、标志、爱好 | 钟、鞋、密码、学问、照片

(4) 车、地、桌子、屁股、筷子 | 水、胃、位置、大陆、晚餐

答案：(1) 可以AABB式重叠； (2) 量词是"条"； (3) 可兼类作动词； (4) 可以在前面加"一"作临时量词。

很多朋友可能一时没有反应过来："挂钩"怎么能做动词了？当然可以，比如"竞赛和高考挂钩"。

接下来，让我们看一些和句子有关的问题吧。

●●●●●●●●●

5. 下面四句话中，哪一句话的结构和其他三句不一样?

A. 我和他都去

B. 我和他一起去

C. 我和他不用去

D. 我和他必须去

答案是B。当然，得出答案不仅仅是凭借语感，我们有很多令人信服的理由来说明，"我和他一起去"的结构与其他三句真的不一样。我们可以在"我和他一起去"中加入"想"、"要"等词，变成"我想和他一起去"、"我要和他一起去"，但是其他三句话都不能这样变。用删去成分的方法也能辨析出两种结构的区别来。"我和他一起去"可以省略为"和他一起去"，但是单独说"和他都去"、"和他不用去"、"和他必须去"都是不行的。究其原因，是由于第二句中的"和"字是介词，而其他三句中的"和"是连词。

在汉语中，"和"既可以作连词，又可以作介词。上述办法都是判断"和"的词性的有效手段。例如，"我和他下棋"、"我和他一样高"中的"和"就是介词，"我和他刚到"、"我和他不同意"中的"和"就是连词。

●●●●●●●●●

6. 在汉语中，"哥哥追得弟弟直喘气"这句话是有歧义的，有可能指的是哥哥在追弟弟，还有可能指的是弟弟在追哥哥。你能读出来吗？

这是汉语语法研究中一个颇为经典的例句。大多数人只能读出一种意思，哥哥追弟弟，弟弟直喘气。其实这句话还有另一个意思，弟弟追哥哥，弟弟直喘气。如果你没读出来，换成"前面的公交车追得我直喘气"再体会体会。不少人认为这句话还有"哥哥追弟弟追得直喘气"的意思，即哥哥追弟弟，哥哥在喘气。这种看法有争议。

●●●●●●●●●

7. "白听了一节课"这个句子是有歧义的，你能读出来吗？

有可能指的是听完了课完全没收获，这节课纯粹是"白听了"；也有可能指的是没交学费就听到了课，这节课是"白听的"。换句话说，这个"白"有可能是"白跑一趟"的"白"，也有可能是"白吃白喝"的"白"。注意，这两个"白"字的意思正好相反，一个表示劳而无功，一个表示不劳而获。

●●●●●●●●●

8. "我是女孩儿，她是男孩儿"看似不合逻辑（注意"她"字），但在某些语境下，这个句子是绝对合情合理的。你能想出这样的情况吗？

两位刚生了孩子的妇女各自抱着自己的孩子坐在一起聊天。路人好奇地问："孩子真可爱，是男孩儿还是女孩儿呀？"其中一位妇女回答："我是女孩儿，她是男孩儿。"

汉语的动宾搭配范围极广。赶去上课的学生可能会说，"我是数学，他是英语"；厨房里做饭的师傅可能会说，"我是白菜，他是胡萝卜"。不仅仅是动词"是"，其他动词也有看似诡异的用法。"写字"是讲写的对象，"写文章"是讲写的目的，"写黑板"是描述写的方式，"写毛笔"是描述写的工具，"写地上"是描述写的场所。"写一只狗"，等等，什么叫"写一只狗"啊？我们能说"写一只狗"吗？然而再多想一下便恍然大悟。当然可以，比如老师布置语文作文："大家周末写什么啊？"一学生答："写一只狗。""一只狗"可以指写的内容。

老外看到这里，估计已经崩溃掉了。

•••••••••

9. "他把妈妈打哭了"看似是他亲手打了妈妈,但在某些语境下有可能并非如此。你能想出这样的情况吗?

"他把妈妈打哭了"可以有很多理解方式。比如说,想像一个整天在网吧打游戏的孩子,不去上课,不去考试,被学校劝退,妈妈伤心欲绝。我们便可说,孩子成天打游戏,"把妈妈打哭了"。

小学语文变"把"字句"被"字句时无外乎"风把小树刮倒了"、"解放军把敌人打败了"、"大水把铁牛冲走了",这无形之中给人带来了这样一种错觉:"把"字后面的名词就是动作的对象。例如,"小树"就是风"刮"的对象,"敌人"就是解放军"打"的对象,"铁牛"也就是水"冲"的对象。其实这并不一定,反例遍地都是:"他把衣服吃脏了"当中,他并不是在"吃衣服";"他把肚子笑疼了"当中,他也并没有在"笑肚子"。

但是,万一"吃衣服"和"笑肚子"正好能说通,就会产生歧义了。例如"他把手打疼了",有可能指的是他真的有毛病,疯狂地打自己的手,把手打疼了;也有可能是他躺在床上以一种诡异纠结的姿势打电话,结果把手打疼了;还有可能是他打了一天一夜的麻将,结果把手都打疼了。他打的究竟是什么,需要从上下文和语境中去寻找。在没有上下文和语境的情况下,"手"就会自动地被我们理解为"打"的对象(只要这是合理的)。同样地,"他把妈妈打哭了"也并不一定指的是"他打妈妈",完全有可能是他在打别的东西,把妈妈打哭了。

事实上,"他"这个位置上的成分也不一定就是动作的发出者,比方说"食堂把我吃腻了"、"鞋子把脚走疼了"等等。我们甚至会经常说"他的衣服把妈妈洗累了"、"三瓶酒就把他喝醉了"等等,此时两个名词之间的动作关系正好是颠倒的!所以,"他把妈妈打哭了"甚至可以理解为是,他太调皮,以至于妈妈不得不打他,打到妈妈自己都哭了。

在对外汉语教学中,"把"字句可以说是一个大难点,这里随便再举个例子。"哥哥吃苹果"、"张三打李四"可以说成是"哥哥把苹果吃了"、"张三把李四打了",但是"哥哥坐飞机"、"张三想李四"却不能说成是"哥哥把飞机坐了"、"张三把李四想了"。这个背后的规律是什么?哪些词能用"把"字,哪些词不能用"把"字?要不总结出个规律,怎么教老外学汉语呀?如果把"被"字句也扯进来,形势就更复杂了。比方说,"风把小树刮倒了"可以说成是"小树被风刮倒了",但是"食堂把我吃腻了"能说成是"我被食堂吃腻了"吗?什么情况下"把"字句能变成"被"字句,什么情况下"把"字句不能变成"被"字句,这又能让人研究好一阵子了。如果到了这一步,老外还没晕的话,别急，我们还有杀手锏呢！听说过"给"字句吗？"风把小树吹倒了"其实还有第三种说法——"小树给风吹倒了"。而且，"把"字和"给"字还能结合起来使用呢，比如"风把小树给吹倒了"；还没完，"被"字和"给"字也能结合起来使用，比如"小树被风给吹倒了"；最变态的是，"给"字还能和自己结合起来使用，比如"小树给风给吹倒了"……所有这些句型在使用上都有哪些限制，在意义上都有哪些侧重，这足以让人琢磨大半年了。

说到语法规律的研究，不得不提下面这个例子。

●●●●●●●●●

10. "洗衣服"可以说成"把衣服洗洗"，但"买衣服"就不能说成"把衣服买买"；"看报纸"可以说成"把报纸看看"，但"借报纸"就不能说成"把报纸借借"；"烤面包"可以说成"把面包烤烤"，但"吃面包"就不能说成"把面包吃吃"；"收作业"可以说成"把作业收收"，但"交作业"就不能说成"把作业交交"。这背后的规律是什么？"看报纸"、"洗衣服"、"烤面包"、"收作业"和"借报纸"、"买衣服"、"吃面包"、"交作业"这两组动作之间有什么区别，以至于前面的可以变着说，后面的就不能变着说了？寻找更多的例子，并试着总结规律。

汉语中充满了大家不仔细思考不会察觉到的离奇现象。上面这个问题是我最喜欢举的例子之一。这个问题最早是由汉语语言学家陆俭明先生提出来的，当时陆俭明认为，这种现象背后的规律可能会很难归纳。此后，人们不断对这个问题进行研究，目前已经形成了很多不同的观点。例如，有人认为，说"把什么怎么样怎么样"时，该动作必须满足"动因明确"、"带有必然结果"的条件，比如"洗衣服"的结果就是"衣服干净了"，但是"买衣服"是为了干什么就不知道了。另一些人则认为，说"把什么怎么样怎么样"时，该动作必须是"可持续的动作"，比如"洗衣服"可以一直洗一直洗，"买衣服"实际上只是一个一瞬间的过程。还有人认为，说"把什么怎么样怎么样"时，该动作必须满足"动作有一个程度和范围之分"，比如"洗衣服"可以只洗袖子口，可以只洗得有点干净，但是"买衣服"的话一下子就买了。你赞同上面的哪些观点？试着找些反例，推翻你不喜欢的那些观点吧。

直到现在，这个问题似乎也没有一个令人满意的答案。

接下来的问题和语言学的关系就不太大了。

● ● ● ● ● ● ● ● ●

11. "人"字加一笔可以变成什么字？你能想到三个不同的答案吗？

这是一个非常经典的问题了。当我试图给完全没有理科背景的人描述解出数学题的那种恍然大悟的感觉时，我最喜欢用的就是这个例子。这个问题不是脑筋急转弯，不会用到旋转、颠倒、外文之类的赖皮手段。"人"字加一笔真的可以变成三个不同的字。"大"字是最容易想到的答案。很少有人能想到第二个答案——"个"。第三个答案确实太难想了，并且出人意料的是，这是一个非常常用的汉字——"及"。

● ● ● ● ● ● ● ● ●

12. 有这样一个神奇的常用汉字。它是左中右结构的，不但左中右三个部分单独看都是汉字，而且任意两个部分拼在一起也都还是汉字。请你找出这个字来。

答案："树"。

● ● ● ● ● ● ● ● ●

13. 我曾经做过全唐诗中的对偶分析，结果颇有意思。大家猜一猜，全唐诗中出现次数最多的对偶字是哪两个字？

很多人可能会以为是"天"对"地"或者"风"对"雨"，然而它们连前十位都排不上。"三"对"五"也排不进前十位。"来"对"去"正好排第十位。"南"和"北"排第六位。"山"和"水"排第五位。第四名是"白"和"青"，第三名是"金"和"玉"，第二名则是"上"和"中"。排在第一名的对偶字究竟是什么呢？答案是"有"和"无"。它的出现频数可谓是遥遥领先，大约是第二名的1.6倍！

利用这些数据，我们可以反过来评价两句诗的对偶程度。由于"有"和"无"的对偶次数太多，因此它们被当作了对仗工整的典范，这意味着"有"对"无"的出现会为诗句赢得不少的加分。电脑计算结果显示，全唐诗中对仗最工整的五个诗句为：

(1) 客泪有时有，猿声无处无。
(2) 山从平地有，水到远天无。
(3) 有句虽如我，无心未似君。
(4) 有地水空绿，无人山自青。
(5) 白日如无路，青山岂有人。

事实上，从全唐诗中提取出来的对偶字数据还有更重要的价值——它反映了汉字与汉字在意义方面的联系。两个字的对偶程度越高，它们的意义就应该越相近。如果有多个汉字互相之间都能对偶，理论上它们就应该属于同一个"语义圈"。如果我们能提取出这些语义圈，或者能用图片的形式直接展示出常用汉字形成的语义圈，那该是多酷的一件事情啊！

怎么做呢？不妨把全唐诗里出现的每个常用字都想象成是某种实物，比如一个小球。现在，假设每两个字之间都有斥力，并且斥力大小符合电磁学中的库仑定律（Coulomb's law），即斥力大小与距离的平方成反比。另外，再假设每一个字对之间都有一根橡皮筋，它所带来的引力大小符合力学中的胡克定律（Hooke's law），其中字对的对偶程度越高，橡皮筋的倔强系数越大（或者说橡皮筋越强劲）。现在，把整个系统往桌面上一放，这些字就会在引力斥力的作用下弹过去弹过来，最终那些联系较紧的字就应该被橡皮筋拉拢到一块儿去。这样的话，我们就有了一张"汉字地图"，意义相近的汉字会自动地聚集在一块儿，形成"山水区"、"色彩区"、"数词区"、"副词区"之类的地带！我真的做了这个实验，实际结果出人意料地漂亮：

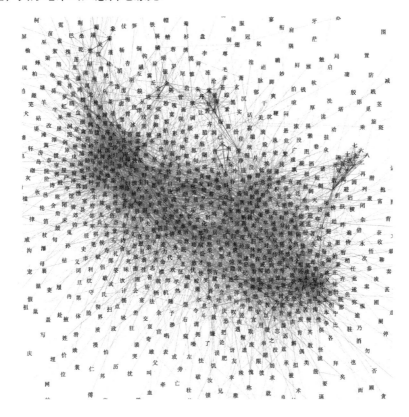

●●●●●●●●●●

14. 与其说我喜欢做趣题，倒不如说我喜欢出趣题。我曾经突发奇想，找来了一份汉语常用词的拼音数据，利用计算机搜索出了一大堆声母颠倒的词语对，然后挑选了其中一些词语对，制作了下面这20道谜题：请你在每句话的两个空格中分别填入两个声母颠倒的双字词，使得整个句子通顺完整。每个小题都有至少一个由常用词构成的解。比如，第一小题的答案就是"宝地"和"倒闭"。

(1) 虽然公司位于一块 _____ ，但最后还是 _____ 了。

(2) 魔术师熟练地从 _____ 里变出了一只 _____ 。

(3) 他知道好几种 _____ 翻新机的 _____ 方法。

(4) 为了磨炼意志，他常常赤身睡在 _____ 铁钉的 _____ 上。

(5) 这种机械化的 _____ 严重 _____ 了学生的创造思维。

(6)《阿凡达》电影票一票难求，排队买票的 _____ 超过了春运。

(7) 使用过期的 _____ 会 _____ 检测结果有误差。

(8) 前线发来 _____ 称他们已经发现了敌方 _____ 部队。

(9) _____ 的领导者不应该与员工之间有任何 _____ 。

(10) 各个主要 _____ 都有专职护林防火人员 _____ 。

(11) _____ 功能衰退不影响学生正常 _____ 。

(12) 目前，各地塑料 _____ 市场现状一片 _____ 。

(13) 服用戒烟 _____ 药物最好听从医师的 _____ 。

(14) 人体内脏 _____ 业正在美国悄悄 _____ 。

(15) 与 _____ 关系不融洽终会让你逐渐 _____ 对工作的热情。

(16)"民工潮" _____ 的人口 _____ 将不断推进户籍制度的改革。

(17) 表盘上的6点钟位置附有非常 _____ 的 _____ 显示。

(18) 她那半月形的银质发箍卡在金色的头发上，远远看去就像是 _____ 时期的 _____ 。

(19) _____ 设计的一个重要应用就是 _____ 设计。

(20) 人们在工地里挖出了那次 _____ 中留下来的一颗 _____ 。

答案：(1) 宝地，倒闭；(2) 台布，白兔；(3) 鉴别，便捷；(4) 布满，木板；(5) 复述，束缚；(6) 阵势，甚至；(7) 试纸，致使；(8) 密电，地面；(9) 合格，隔阂；(10) 山口，看守；(11) 嗅觉，就学；(12) 板材，惨白；(13) 辅助，嘱咐；(14) 清洗，兴起；(15) 上司，丧失；(16) 掀起，迁徙；(17) 清晰，星期；(18) 中古，公主；(19) 平面，名片；(20) 大战，炸弹。

●●●●●●●●

15. "西安飞机加工公司加工波音737飞机机身"，这句话有什么特别的地方？

有没有觉得读起来很奇怪？这句话里的所有字都是一声！

外国人在学汉语时会注意到很多我们不会发觉的奇怪现象。曾经在网上看到一个段子：有一个老外感慨说，你们没觉得"第二次世界大战"这个词读着很别扭吗？在老外看来，这个词怎么读怎么怪，因为这个词里的七个字全是四声！

连续的三声字是最要命的。在普通话规范中有三声变调一说，即两个三声相连，前一个三声会变成二声。例如用普通话读"雨伞"一词，读出来应该会比较接近"鱼伞"，不必把两个三声都读圆。不过，如果多个三声字相连，到底应该怎么念，争议就大了。是不是前面所有的三声字都变调，只让最后一个字不变呢？还是应该按照句子的结构来安排变调位置呢？遇到这种问题，自己的普通话发音是靠不住的，这事儿最终还得老北京说了算。只可惜，我上大学时，身边一直没有真正的北京朋友，因此要想调查起来还没那么容易。直到有一天，我在北京的一个胡同里走，听到两个老北京吵架，其中一个明显有些激动，准备动手打架，于是另一个人大喝一声："你敢打我！"听到这句话，我心里非常激动：哈哈，终于逮着了一个绝佳的例子。"你敢打我"这四个字都是三声，但老北京的念法似乎是 ní gǎn dá wǒ。有趣的是，这种念法并不满足"前面的三声统统都变"的简单规律，而且也不符合句子的结构（"你敢打我"最上层的结构应该是"你"加上"敢打我"）。看来，遇到多个三声连读时，有些地方要变调，有些地方不变调，究竟怎么变，这个规律没有那么简单。

还有一些更麻烦的例子，足以说明这个问题的复杂性。"我想起来了"有两种意思，可能指的是我回忆起来了，也可能指的是我想起床了。不过，这句话写下来有歧义，念出来就没歧义了，因为不同的变调方案会对应着不同的意思：读成 wǒ xiáng qǐ lái le 就是前面那种意思，读成 wó xiáng qǐ lái le 就是后面那种意思。

如果句子更长，连续的三声字更多，怎样变调的问题就更突出了。"雨伞"应该读成"鱼伞"，那"小雨伞"呢？"两把小雨伞"呢？"买两把小雨伞"呢？"请你给小李买两把小雨伞"呢？"老李想请你给小李买两把小雨伞"呢？显然我们可以永无止境地扩展下去。把这样的句子交给计算机自动朗读，结果肯定很不自然，因为计算机没法推出这个句子应该怎么变调。汉语的声调问题着实给中文语音输入输出平添了不少麻烦。

●●●●●●●●●

16. 2009年3月，我在北京的一家餐厅吃饭，惊奇地发现菜单上清楚地写着"农残检测高于国家标准"。我当即大笑起来，心想：哈哈，傻了吧，不是所有的东西"高于标准"都是好事儿。但我立即意识到，如果把这句话改成"农残检测低于国家标准"貌似也不对。几天后再来看时，发现人家动作挺快，菜单已经全部重印了。仅仅把"高"字换成了另外一个字，却把意思表达得异常贴切。你能想到他们是怎么改的吗？

这是一个真实的故事。我经常把这个故事讲给别人听，得到的答案往往是"好于标准"、"优于标准"，然而都没有那家餐厅自己改的好：他们把这句话改成了"农残检测严于国家标准"。改得很好吧！

在大学学习期间，我曾经向主讲《汉语修辞学》的袁毓林教授提过这个问题，随后得到了一个更加专业的回答。"农残检测高于国家标准"是有歧义的，它有两种截然不同的意思："农残检测结果高于国家标准"，以及"农残检测标准高于国家标准"。为了消除歧义，可以调整词序，把原句改成"农残检测标准高于国家"，这样便只剩后一种意思了。不过，这会破坏句式长短的平衡，并不是一个漂亮的改法。因而，我们更希望仅仅把句子中的"高"字换掉。一个既切中要害又忠于原句的修改方案就是，把"高"换成另外一个形容词，它只能形容"检测标准"，而不能形容"检测结果"，这样便排除了前一种意思，只留下后一种意思了。因此，我们才会想到把"高于"改成"严于"。

作为一个中文系应用语言学专业的学生，生活中我经常留意一些字词的使用现象。有一次，我在北京地铁里听到广播说，"乘客请站在黄色安全线以内"，立即发现了问题：站在黄色安全线以内，岂不是站进去了吗？但转念一想，换成"站在黄色安全线以外"表达也不准确，站在黄色安全线以外，岂不是站到外面了吗？于是又出现了刚才的那种困境。大家想想应该怎么改呢？

上海地铁的毛病也不少。乘客守则的第3条写着"无车票或持无效车票乘车的，应按单程的总票价补交票款，并可加收5倍以下票款"，听上去就好像逃票乘客补交票款之后就能向别人收钱了一样。第11条写着"因乘客原因造成设备损坏的，应给予相应的经济赔偿"，听着就好像乘客损坏设备之后能拿到一笔赔偿金一样。大家不妨都想一想，这些句子应该怎么改。

小时候我曾在一本旧书里看到过几个因为用词不准带来的麻烦事，有一个记得比较清楚。大概是在1982年，四川省盐亭县的某经销商从广州某公司进购了一批手表，本来计划着在1983年春节期间重点销售，结果到货时销售旺季已经过去了。于是盐亭方面给广州方面发送电报申请退货。广州方面自然很不愿意，遂立即回复"手表不要退回"。但是，盐亭方面把电报信息理解为"手表不要就退回"，很快就把货退了回去。广州方面收到退货之后非常不满，觉得是个正常人都不会把电报内容理解成那样，于是向法院提起诉讼。如果你是法官，你会怎么判？最后的结果是，广州方面败诉，只能自认倒霉。原因很简单：如果当初广州方面发的是"手表不能退回"，不就没有歧义了吗？

网上有个段子叫做"不要用坏了"，说的是一个人去高档饭店的厕所小便，看见某小便池上贴有"不要用坏了"五个字，心想"我怎么会把它用坏呢"。结果走近小便池，池里自动喷水溅了他一身。于是他才知道，那五个字的意思是"不要用，坏了"。

语文教学的目的应该是教会学生听说读写的能力。我觉得这才是语文考试真正该考的东西。

说到加标点，不得不提下面这个问题。

· · · · · · · · ·

17. 给下面这句话加标点，使之成为一句通顺连贯且有意义的话。

是不是不不不是是是是是不是是不是是不是

答案："是"不是"不"，"不"不是"是"，"是"是"是"，"不是"是"不是"，是不是？

英文中也有类似的谜题：给That that is is that that is not is not is that it it is加标点。答案是That that is, is. That that is not, is not. Is that it? It is.

更为最经典的例子则是，给James while John had had had had had had had had had had had a better effect on the teacher加标点。这是一个非常经典的例句，可以用来说明英文中的歧义现象和标点符号的重要性。维基百科上甚至有一个以此为标题的词条。为了解释答案的意思，维基百科给出了这么一个背景。假设有两个学生，分别叫做James和John。英语老师叫他们写出"他之前得过感冒"的英文表述，结果John写的是"He had a cold"，而James写的是"He had had a cold"，显然用had had更好一些。于是便有了这么一句话：James, while John had had "had", had had "had had"; "had had" had had a better effect on the teacher.

最后，让我们顺便来看看几个英文中的文字游戏吧。

●●●●●●●●

18. 下面这几段话分别有什么特别的地方？提示：这和词句的意思没有任何关系。它们都是字母层面上的文字游戏。

(1) Was it a cat I saw?

(2) I do not know where family doctors acquired illegibly perplexing handwriting, nevertheless extraordinary pharmaceutical intellectuality, counterbalancing indecipherability, transcendentalizes intercommunications incomprehensibleness.

(3) This is an unusual paragraph. I'm curious how quickly you can find out what is so unusual about it. It looks so plain you would think nothing was wrong with it! In fact, nothing is wrong with it! It is unusual though. Study it, and think about it, but you still may not find anything odd. But if you work at it a bit, you might find out! Try to do so without any coaching!

答案：

(1) 如果以字母为单位的话，整句话从左至右看和从右至左看是一样的。这样的句子叫做回文句。在英文中，还有很多经典的回文句，例如：

> ❑ Rise to vote, sir
> ❑ Madam, I'm Adam
> ❑ Never odd or even
> ❑ A man, a plan, a canal - Panama!
> ❑ Able was I ere I saw Elba （描述拿破仑流放到厄尔巴岛时的情境）

当然，中文里面也有非常漂亮的回文句：

> ❑ 冰水比水冰
> ❑ 奶牛产牛奶
> ❑ 风扇能扇风
> ❑ 清水池里池水清
> ❑ 上海自来水来自海上
> ❑ 黄山落叶松叶落山黄

回文句还不算最酷的，据说乾隆和纪晓岚之间还有过神一般的回文对联。当时北京有一家饭店叫做"天然居"，乾隆借此出了上联：

> 客上天然居，居然天上客

纪晓岚对：

> 人过大佛寺，寺佛大过人

我们还有更厉害的呢！明末浙江才女吴绛雪曾作《四时山水诗》四首，其中《春景诗》如下：

> 莺啼岸柳弄春晴，
>
> 柳弄春晴夜月明。
>
> 明月夜晴春弄柳，
>
> 晴春弄柳岸啼莺。

整个儿一首回文诗！

(2) 这句话中的各个单词的字母个数分别为1, 2, 3, …。这句话是由德国作家Dmitri Borgmann创作的。数学家乔治·波利亚曾经创作过更厉害的句子：How I need a drink, alcoholic of course, after the heavy chapters involving quantum mechanics! 有的朋友可能会问：这句话怎么了？答案是，这句话中各个单词的字母个数正好是圆周率中的各个数字！后来，有人在后面补了一句All of thy geometry, Herr Planck, is fairly hard，将圆周率长度增加到24位。人们还编出了很多具有同样性质的英文句子，比如Can I have a large container of orange juice，以及How I wish I could calculate pi faster。这样的句子叫做piphilology，它是由单词pi和philology合成的一个词。我曾经自己编过一个汉语的piphilology，句子里各个汉字的笔画数正好是圆周率中的各个数字。献丑了："习一文一乐，便入安宁万世；知思远思小，人才话中有力。"

(3) 这段话里面没有一个字母e！考虑到e是英文中最常见的字母，写出这样的一段话是相当困难的，不信你试试。不用字母e来写作，这意味着你甚至不能用单词the！

历史上曾有不少作家试图把这种"文体"发挥到极致。1939年，美国作家Ernest Vincent Wright出版了一本名为*Gadsby*的小说，整本书里的五万多个单词中没有一个字母e！据说，他曾经花了整整6个月的时间，用一台字母e被卡死的打字机完成了整本书的初稿。整本书的第一段如下：

> If youth, throughout all history, had had a champion to stand up for it; to show a doubting world that a child can think; and, possibly, do it practically; you wouldn't constantly run across folks today who claim that "a child don't know anything." A child's brain starts functioning at birth; and has, amongst its many infant convolutions, thousands of dormant atoms, into which God has put a mystic possibility for noticing an adult's act, and figuring out its purport.

Walter Abish写过一本类似的奇书叫做*Alphabetical Africa*，出版于1974年。整本书一共有52章，其中第1章只含以字母a开头的单词，第2章只含以字母a和b开头的单词，以此类推，直到第26章时才能自由出现所有的单词。从第27章到第52章，整个过程又倒着来一遍：第28章就不再允许以字母z打头的单词，第29章就不再允许以字母z和y打头的单词，直到最后一章再次只含以字母a打头的单词。整本书的第一段如下：

> Ages ago, Alex, Allen and Alva arrived at Antibes, and Alva allowing all, allowing anyone, against Alex's admonition, against Allen's angry assertion: another African amusement ... anyhow, as all argued, an awesome African army assembled and arduously advanced against an African anthill, assiduously annihilating ant after ant, and afterward, Alex astonishingly accuses Albert as also accepting Africa's antipodal ant annexation. Albert argumentatively answers at another apartment. Answers: ants are Ameisen. Ants are Ameisen?

13 情境问题

事实上，我喜欢一切让人绞尽脑汁的智力趣题，喜欢每一个灵机一动的想法，喜欢每一个恍然大悟的瞬间，数学也好，语言学也好，都只是一种形式罢了。在这里，我想把我遇到的很多生活中的趣题汇集到一起，希望能把思考的乐趣传递给更多的人。

在中学物理中，大家或许学过这样的知识：在一个玻璃杯里装满水，用一张小纸片盖住，然后将整个玻璃杯拿起并且倒过来，此时大气压将会托住小纸片，杯子里的水不会掉出来。如果把这杯水再倒扣在桌面上，然后把小纸片抽出来，我们便得到了一个神奇的景象——一个倒扣在桌面上的玻璃杯，玻璃杯里装满水！让我们来看两个与此有关的小问题。

●●●●●●●●●●

1. 桌面上倒扣着一个装满水的玻璃杯，杯子里有一枚硬币。怎样取走这枚硬币，而不至于把水弄得到处都是？

这个问题出自《别闹了，费曼先生！》（*Surely You're Joking, Mr. Feynman!*）。年轻时，理查德·费曼（Richard Feynman）很喜欢恶作剧，他曾以这种方式给餐厅的服务员留下小费，狠狠地捉弄了服务员一把。在书中，费曼写道：

> 第二天我回到这家餐厅时，发现招待我的是一个新服务员，原来那个服务员不见了。新服务员说："苏珊非常生气。她把老板叫来，两个人研究了好一会儿，但他们没时间了，最终决定直接把杯子拿起来，结果把水弄得满地都是，苏珊还摔了一跤。"我笑了起来。她说："这一点也不好笑！如果是你遇到这种情况，你会怎么做呢？""我会拿一个小碗，然后把杯子滑到桌边，让水流进碗里，再把硬币拿出来。""哦，这个办法不错。"她说。

费曼继续写道：

> 那天晚上，我把小费放在了一个咖啡杯里，然后把咖啡杯倒扣在桌子上。第二天晚上我到餐厅时，再次遇到了那个新服务员。她问我："昨晚你为什么要把杯子倒过来放呢？""呵呵，我在想，即使你再忙，你也会跑到厨房里拿一个碗出来，然后把咖啡杯小心翼翼地滑到桌边……"她抱怨着说："我就是这么做的，但是里面根本就没有水！"

●●●●●●●●●●

2. 在一个托盘里倒扣着一个装满水的玻璃杯。想办法只用一只手，不用任何其他的工具，将杯子里的水喝掉。

把玻璃杯移到托盘的正中间。把手放在托盘下，撑起整个托盘。用额头顶住玻璃杯底。然后，始终保持手扶托盘额顶杯底，慢慢把头抬起并往后仰，这样一来玻璃杯就被正过来了。拿走托盘，端起额头上的玻璃杯，将杯子中的水喝掉。这个问题是我在YouTube上的Scam School系列视频里看到的。记住，在朋友面前表演之前一定要在家多练习。

心理学家Karl Duncker提出过一个类似的情境谜题。

●●●●●●●●●

3. 如下图所示，靠墙的桌子上放有一根蜡烛、几根火柴和一盒图钉（图钉能按进墙里）。想办法把蜡烛固定在墙上，使得蜡烛点燃后，蜡不会滴到桌子上。

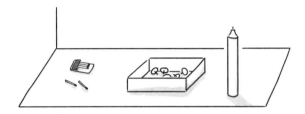

绝大多数人会想着怎样用图钉把蜡烛钉在墙上，或者用燃烧产生的蜡把蜡烛粘在墙上。然而，这些方法显然都不切实际。有趣的是，如果把题目中的"一盒图钉"改成"图钉盒与若干图钉"（或者像Karl Duncker的实验那样，把图钉摆在图钉盒旁，而不是放在图钉盒里），几乎所有人都会想到正确的解法：把图钉盒钉在墙上，再用燃烧产生的蜡把蜡烛立在图钉盒里。

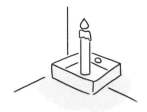

●●●●●●●●●

4. 给你一袋足够多的糖、一架不等臂的天平和一个10克的砝码，如何利用这些工具称出10克的糖？注意，由于这架天平是不等臂的，因此当天平两侧的托盘上放了同样重的东西之后，天平并不能平衡，臂更长的那一侧会向下倾斜。

首先，将10克砝码放在天平左边，在天平右边不断加糖，直到天平平衡（注意，此时天平右边的糖并不是10克）。接下来，把左边的砝码拿走，再在左边不断加糖，使得天平重新平衡。现在，左侧托盘里的糖可以等效地替代刚才的10克砝码，让天平保持平衡状态。这说明，此时左侧托盘里的糖正好就是10克。

●●●●●●●●●

5. 给你一个排球，再给你一盆水、一张纸和一台电子秤，如何利用这些工具测量出排球击打在地上对地的作用力有多大？

首先把纸张铺在地上，在排球上蘸些水，然后对着地上的纸击打。这样一来，纸上便留下了一个圆形的水印。然后，把印有水的纸铺在电子秤上，把排球放在纸上，一点一点向下挤压排球，直到排球的下底面与水印重合。此时，电子秤上的示数也就是排球击打在地上时的作用力了。

接下来是两个与巧用绳索有关的问题。

●●●●●●●●●

6. 假设你被困在一幢200米高的大楼的楼顶。你手里有一根150米长的绳子和一把瑞士军刀。你所站的地方有一个铁钩子。往楼下看时，你发现大楼正中间，也就是100米高的位置上，有一个可以落脚的金属支架，上面还有另外一个钩子。你怎样才能利用这些东西安全到达地面？

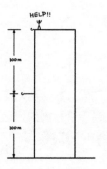

把绳子割成50米和100米两段。把50米绳子的一端拴在楼顶的钩子上，另一端打一个小环。让100米长的绳子穿过这个环，再把它的两头系在一起形成一个绳圈。沿着绳子下滑到落脚点。把100米长的绳子割断并收回来，然后把其中一端拴在钩子上。沿着绳子下滑到地面。

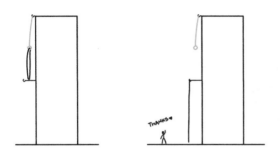

● ● ● ● ● ● ● ● ●

7. 两根25米长的绳子拴在20米高的天花板上，相隔大约10米远。如果你只有一把刀，你最多能割下多少绳子呢？

你能割下几乎所有的绳子。首先把两根绳子栓在一起，然后沿着其中一根绳子爬到房顶。用绳子做一个尽可能靠近房顶的环，然后把小环下方的绳子割掉。将绳子穿过小环，栓在自己身上。沿着绳子边晃边爬，一直爬到另一根绳子与房顶的连接处。把拴在身上的绳子通过刚才的小环拉到另一边来，直到拉紧为止。在离房顶尽可能近的地方把绳子割断，然后你将会跟着绳子一起荡下去，最终悬挂在离房顶10米的半空中。将手上的绳子一点点放掉，让自己安全回到地面。最后，抓着绳子的一头往下拉，让绳子另一头不断上升，直到它通过小环后掉下来。至此，你得到了几乎全部50米的绳子。

下面这个问题就更奇幻了。

● ● ● ● ● ● ● ● ●

8. 假设你被困在了一个屋子里。屋子里只有两扇通往外面的门。其中一扇门外连着一条走廊，走廊顶部是一个巨大的放大镜，灼热的阳光在此处会聚，瞬间烧死任何试图穿过走廊的人。另一扇门后面有一条愤怒的火龙。你打算怎样逃出去？

答案：等天黑了后打开第一扇门，大摇大摆地走出去。

下面的问题或许更贴近生活一些。

●●●●●●●●●

9. 因为装载货物太多，正好与限高相当，一辆卡车悲剧地卡在了人行天桥下，进也不行，退也不成。如果你是卡车司机，你打算怎么办？

答案：给轮胎放一点气。这也是一个非常经典的问题了。

●●●●●●●●●

10. 下图所示的剪刀有什么问题？

答案：不妨想象一下自己使用这把剪刀的场景，你很快就会发现端倪了。这把剪刀完全不能使用——剪刀的两片刀刃根本没法合拢！

生活当中还有很多真实的例子告诉我们，若不是亲身使用的话，某些看似低级的设计缺陷可能很难被发现。1998年，美国纽约某公司进行反毒品宣传活动，在街头免费向小孩儿发放铅笔，上面印有"别为了酷而吸食毒品"（Too Cool to Do Drugs）的口号。这一切看上去似乎非常和谐。然而，孩子们很快便发现，当他们真的开始使用这些铅笔时，事情就变得非常尴尬了：把铅笔削短之后，上面的口号将会变成"为了酷而吸食毒品"（Cool to Do Drugs），再过一段时间后甚至会直接变成赤裸裸的"吸食毒品"（Do Drugs）。最后，公司紧急召回了这批铅笔。

●●●●●●●●●

11. 左利手打扑克牌时会有一个意想不到的不便之处，你能想到吗？

很多东西本身是不对称的，于是适合其中一只手的就不再适合另一只手了。因此，左利手使用鼠标、照相机、机械手表都会有不便之处，但使用筷子、铅笔、咖啡杯就没有困难。

但是，扑克牌方方正正的，为什么会有左、右的区别呢？其实，扑克牌里面也隐藏着不对称性：扑克牌的花色和点数往往都标在牌面的左上角和右下角。惯用右手的人会把扑克牌放在左手（因为右手是用来出牌的）并呈扇形展开，此时每张牌的左上角正好都能露出来。惯用左手的人则会把牌捏在右手上，但展开成扇形后就看不见每张牌的花色和点数了。

留心观察的话，身边很多产品的设计都是对左利手很不利的。地铁站检票口的验票机器都设在通道右侧，左手持票就会非常不便。iPhone的滑动解锁是从左向右滑的，但若左手持机的话，这个动作做起来也会非常别扭。

●●●●●●●●●

12. 为什么镜子里的像是左右颠倒的，而不是上下颠倒的？

这是一个非常非常经典的问题了，不但在数学、物理、哲学、心理等各个领域都有学者讨论，在互联网上也是一个最容易引起热议的话题。很多人会提出一些看似很有道理的解释。比方说，有人认为，这是因为人的眼睛是左右分布的。这种解释显然是错误的——即使闭上一只眼睛，看到的像也是左右颠倒的。

下面是一个我非常喜欢的解答。其实，镜子里的东西既不是左右颠倒，也不是上下颠倒，而是前后颠倒的。不过，人们似乎并不喜欢接受"镜像"的概念，总想拿实际的物体跟镜子里的物体相比。但是，两个镜像的东西怎么旋转都不能完全重合，于是纠结的事情就发生了。如果你想象镜子外面的物体水平旋转180度之后去跟镜子里的物体相比，这并不能和镜子里的物体重合，每个细节都左右颠倒了；如果你想象镜子外面的物体竖直旋转180度之后去跟镜子里的物体相比，这也不能和镜子里的物体重合——左右倒是没问题，但上下就颠倒了。不过，当人站在镜子前面时，由于人们生活在一个水平面上，并且镜子往往是竖直放置的，因而人们总是喜欢想象自己"站到镜子里面去"；另外，人本身的对称轴正好又在竖直方向上，因此这样去和镜子里的像相比，能够得到最大程度的贴合。所以，人总是习惯性地采用前一种思维。

●●●●●●●●●

13. 一位朋友给我看了一张他在比萨斜塔拍的照片。奇怪的是，照片中的比萨斜塔竟然是与地面垂直的！这是怎么回事？这是一张非常正常的照片，照片中的比萨斜塔也是真正的比萨斜塔。

比萨斜塔虽然是斜的，但是总有一个倾斜的方向。如果站在比萨斜塔倾斜的方向上（或反方向上），照出来的比萨斜塔就是竖直的了。做物理题画平面示意图时，很多人会忘记整个场景实际上是三维的。我很喜欢用这个例子来作为提示。

小时候我始终不明白，在月相示意图当中，地球上的人怎么可能看见圆月——月球位于地球的正后方，怎么可能接受到太阳的照射？实际上，这是因为，虽然在俯视图上太阳、地球、月球在一条线上，但实际上三者的高度是不同的。月球绕着地球公转的平面与地球绕着太阳公转的平面之间有一个大约5度的夹角，所以当月球转到满月的位置时，它们的高度恰好也在一条线上的可能性很小。如果出现了这种情况，那么地球真的会把射向月球的太阳光挡住，这也就是我们所看到的月食。因此，月食一定发生在满月的时候，但满月的时候不一定发生月食。

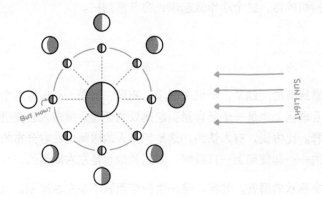

●●●●●●●●●

14. 定时炸弹的倒计时器上显示25:00，下一秒变成了15:00，再下一秒又变成了05:00。为什么？这个定时炸弹距离爆炸究竟还有多长时间？

答案：还有50秒。定时炸弹上原本显示的是00:52、00:51、00:50，但是看的时候看倒了，于是有了题目中的现象。这是我最喜欢的动画片*Futurama*中的一个段子。还记得*Futurama*吗？我们在策略问题里提到过一次，就是那个"心灵对换机"。

●●●●●●●●●

15. 虽然统计数据本身不会说谎，但是人们往往会从统计数据中抽取出一些错误的信息。下面这些例子有些是杜撰的，有些是真实的，但都是为了说明统计数据的误导性常常举的例子。试着想出导致这些统计数据出现的实际原因。

(1) 去救火的消防员越多，火灾损失越严重。

(2) 冰淇淋销量增加，鲨鱼食人事件也随之增加。

(3) 晚上不脱鞋睡觉，早晨起来往往会头疼。

(4) 足球队的获胜率与队员的球袜长度成正比。

(5) 当今社会的奴隶比奴隶社会时的奴隶更多。

(6) 环境越好、空气质量越高的地方，癌症患者的比例越大。

(7) 游泳池浅水区的事故数量远远大于深水区。

(8) 一战时的医务资料显示,自从有了头盔以来,头部受伤的士兵数量大大增加。

(9) 发明拳击手套以后,拳击比赛中的死亡率不减反升。

答案:

(1) 其实,正因为火势较大,灾情严重,去救火的消防员才会更多。

(2) 冰淇淋销量增加意味着夏天到了,去海边游泳的人也随之增多,自然鲨鱼食人事件也会变多。

(3) 晚上不脱鞋就睡觉通常是因为喝酒喝醉了,因此第二天早晨起来会头疼。

(4) 队员的球袜很长,说明他们人高马大,在足球比赛中自然就有优势。

(5) 现在的人口数量本来就比以前多得多。

(6) 癌症患者疗养时需要更加健康的环境,因此更愿意搬到环境较好的地方居住,于是增加了该地的癌症人口比例。

(7) 浅水区的人本来就要多一些,并且不会游泳的人往往都在浅水区。

(8) 没有头盔的时代,士兵头部中弹往往会直接毙命,因此医务人员能遇上的头部受伤者极少。

(9) 拳击手套的出现得以让比赛选手更加毫无顾忌地用力击打对方。

●●●●●●●●●

16. 有一个人住在12楼。每天早晨去上班时他都会乘坐电梯到1楼。晚上他乘电梯回房间时,如果电梯里有其他人或者当天下了雨,他都会直接乘电梯到12楼;否则,他会乘坐到10楼后通过楼梯步行至12楼。为什么?

因为这个男人是一个侏儒,他不能按到电梯上"12楼"的按钮,除非电梯里有其他人帮忙,或者他带了雨伞。

上面这个问题是一个最为经典的"情境谜题"。在情境谜题游戏中,主持人提出一个奇怪的、难以理解的事件,最先猜出事件背后原因的人获胜。每个人都可以向主持人无限制地询问问题,但主持人只能回答"是"或者"否"。下面三个问题也非常适合用作情境谜题,它们都选自http://www.kith.org/logos/things/sitpuz/answers.html,有所改编。

●●●●●●●●●

17. 一位女士在用微波炉热咖啡。她把咖啡放进微波炉里热了两分钟,打开微波炉,然后关上,又加热了两秒钟。为什么?

打开微波炉后她发现咖啡杯的把手朝向里面,于是继续加热两秒钟,让转盘旋转

180度。这个问题的另一个版本是：我每次用微波炉热牛奶的时候，都会把加热时间精确地设置成84秒，为什么？答案是一样的：为了让杯子的把手最后正好冲着外面。

●●●●●●●●●

18. Hans和Fritz是二战期间的两名德国间谍。他们声称自己是归国的旅游者，试图混进美国。Hans当场被捕，Fritz却逃过一劫，而这仅仅是因为他们生日的区别。这是怎么回事？

Hans和Fritz的行径始终没有任何疑点，直到他们开始填写表格上的个人信息。Fritz的生日是1915年7月7日，因此他写下了"7/7/15"。Hans的生日是1918年6月20日，因此他写下了"20/6/18"，而正确的美式书写方式应该是"6/20/18"。

●●●●●●●●●

19. 一块空地中央放着一根胡萝卜、一小堆鹅卵石和几根树枝。请推测，在这里最有可能发生了什么？

答案：雪人化了。

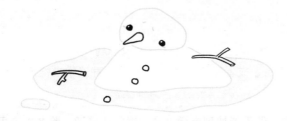

最后是几个我觉得非常有趣的"物品谜"。

●●●●●●●●●

20. 在美国，有些州界是人为划线确定的，有些州界则是由自然物决定的（比如河流、山脉）。有些州的边界全是人为的，比如科罗拉多州、犹他州、怀俄明州。哪个州的边界全是自然的？

答案：夏威夷。这个精彩的问题出自Peter Winkler的 *Mathematical Puzzles* 一书。

●●●●●●●●●

21. 日晷是活动部件最少的计时器。什么是活动部件最多的计时器？

答案：沙漏。

● ● ● ● ● ● ● ●

22. 什么东西用之前是黑色的，用的时候是红色的，用完了是白色的?

   答案：木炭。

● ● ● ● ● ● ● ●

23. 什么水果的种子在外面?

   答案：草莓。

● ● ● ● ● ● ● ●

24. 外星人到访地球，回到自己的星球后与同伴谈论说："我看到人类有一种神奇的工具，它可以先在纸上钻一个洞，然后在周围用线条把这个洞标记出来"。外星人看见的是什么?

   答案：圆规。这个有趣的谜题来自NDS游戏《雷顿教授与不可思议的小镇》。

● ● ● ● ● ● ● ●

25. 请听我们的自我介绍：

   (1) 我总是很激动。
   (2) 我负责告诉别人东西的具体位置。
   (3) 你可以在我上面玩游戏。
   (4) 我是一切罪恶的根源。
   (5) 我是统计学家的好朋友。
   (6) 我的脑袋尖尖的。
   (7) 我能起到一个桥梁的作用。
   (8) 我就像黑夜中的一道亮光。
   (9) 我总是把东西放在我的右边。
   (10) 我总是把东西放在我的左边。

   我们是谁?

   答案：我们是键盘上的数字键所对应的特殊字符。

● ● ● ● ● ● ● ●

26. 在下面的每一个小题中，我们都列出了八种物品，其中前面四种物品都有一个共同点，而这个共同点是后面四种物品所不具有的。请找出这个共同点来。

   (1) 小肠、地毯、水蜜桃、贵宾犬 | 牙齿、足球、藤椅、冰块

(2) 导线、棋子、台球、指示灯 | 螺钉、编钟、麻绳、转笔刀

(3) 电池、钥匙、酵母、书签 | 火柴、魔方、药瓶、订书机

这是我在《新知客》2010年第9期的趣题栏目中出的一个问题，它是根据http://brainyplanet.com/index.php/Attribute改编而来的。答案如下：(1) 表面有绒毛；(2) 常用颜色进行区分；(3) 需要放在别的物体内使用。

14 以及其他30个问题

小时候，我们总是对一切都充满好奇，因为身边的所有事物都是陌生的。长大了之后，好奇的本能固然还在，但能让我们好奇的事物变少了。除非哪天早晨起来时发现所有物体都浮在空中，否则我们再也没有机会像幼时那样东想西想了。不过，最近我发现，勾起人的好奇心其实还是很容易的。生活当中其实充满了离奇的现象，只是我们太习以为常，没去想过罢了。我有一个网站叫做"17个为什么"，网址是http://yyyyyyyyyyyyyyyyyyy.com，就是专门用来收集这种问题的。我会不定期地把一些新鲜有趣的问题放在这个网站上，每页显示17个问题。我从中选出了30个我最喜欢的问题，作为本书的最后一章。这些问题都没有固定的答案，纯粹是为了引起大家的思考。如果里面至少有一个问题能让你产生"咦，对哦，这是为什么呀"的想法，这一章的目的也就达到了。

●●●●●●●●●
1. 公交车司机走的时候，谁来关车门？

●●●●●●●●●
2. 为什么电表在门外，水表却在屋内？

●●●●●●●●●
3. 为什么除法要比乘法难？

●●●●●●●●●
4. 为什么黄色笑话会比一般笑话更好笑？

●●●●●●●●●
5. 为什么人们认为穿牛仔裤不正式？

●●●●●●●●●
6. 为什么没有老鼠味的猫粮？

●●●●●●●●●
7. 既然地球上满是海水，为什么人类进化到最后反而需要淡水？

●●●●●●●●●
8. 为什么虚着眼睛看东西能提高视力？

●●●●●●●●
9. 为什么水渍是深色的？

●●●●●●●●
10. 人类最早是如何意识到地球上不同地点的时间是不一样的？

●●●●●●●●
11. 先天性盲人突然复明后，能立刻分辨出美与丑吗？

●●●●●●●●
12. 为什么惯用右手的人更多一些？

●●●●●●●●
13. 五颜六色的牙膏为何到嘴里都是白色的？

●●●●●●●●
14. 为什么浸过水的纸张干燥后会变皱？

●●●●●●●●
15. 为什么人在大吃一惊时会捂住嘴？

●●●●●●●●
16. 北极点算哪个时区？

●●●●●●●●
17. 聋哑人能理解押韵的概念吗？

●●●●●●●●
18. 腐乳是怎么一块一块整齐地码到玻璃罐里去的？

●●●●●●●●
19. 人类如果没有视觉，还会创立几何这门学科吗？

●●●●●●●●
20. 高速公路收费站的人都住在哪儿？

●●●●●●●●
21. 为什么提到UFO时总会说UFO要吸走奶牛？

●●●●●●●●
22. 当闪电击中海面时，为什么鱼没有全部死掉？

●●●●●●●●
23. 执行注射死刑时，针头要消毒吗？

●●●●●●●●
24. 为什么用字母Z表示睡觉？

●●●●●●●●
25. 在眼镜被发明出来以前，眼镜蛇叫什么？

●●●●●●●●
26. 先有飞机还是先有纸飞机？

●●●●●●●●
27. 致幻剂对盲人有作用吗？

●●●●●●●●
28. 为什么人们听到押韵的句子会有"愉悦感"？

●●●●●●●●
29. 霸王龙跌倒后怎么站起来？

●●●●●●●●
30. 为什么拧松瓶盖一般都是逆时针旋转？